Das
neue preußische Wildschongesetz

vom 14. Juli 1904

mit Anweisungen und Ausführungsverfügungen.

Von

Dr. Karl Dickel,

Gerichtsrat a. D., a.=o. Professor der Rechte an der Königl. Friedrich=Wilhelms=Universität zu Berlin
und Dozent an der Königl. Forstakademie zu Eberswalde.

Springer—Verlag Berlin Heidelberg GmbH
1906.

ISBN 978-3-642-51940-6   ISBN 978-3-642-52002-0 (eBook)

DOI 10.1007/978-3-642-52002-0

Sonderabdruck

aus der

„Zeitschrift für Forst- und Jagdwesen"

(Oktober bis Dezember 1905)

mit einigen Abänderungen und Zusätzen.

Meinem lieben Vater,

dem Fürstlich Wittgenstein = Berleburgischen Oberförster a. D.

Philipp Dickel

zu Paulsgrund in Wittgenstein,

zur 82. Wiederkehr seines Geburtstags.

Inhaltsübersicht.

Kommentare:

Danckelmann-Engelhard, Das Wildschongesetz nebst Ausführungsanweisungen,
Bauer, Wildschongesetz, 1904 (die während des Drucks erschienene 2. Auflage hat nicht
    mehr berücksichtigt werden können); auch in der 3. Aufl. der Jagdgesetze, S. 176 flg.,
Schultz-Scherr-Thoß, Nachtrag zu dem Handbuche „Die Jagd",
Stelling, Die hannoverschen Jagdgesetze in ihrer heutigen Gestalt, 1905.

Abkürzungen:

A. L.-R. = Allg. Landrecht für die preuß. Staaten von 1794.

Anweis. = Anweisung der Minister für Landwirtschaft u. s. w. und des Ministers
    des Innern vom 21. Juli 1904 zur Ausführung des Wildschonges. (mit Muster
    zur Rückseite des Jagdscheins). Vgl. unten S. 7 flg.

Begr. = Begründung des Entwurfs eines Wildschongesetzes 1904 Nr. 23 der Druck-
    sachen des Herrenhauses.

F.-D.-G. = Preuß. Forstdiebstahlgesetz vom 15. April 1878.

F.-F.-P.-G. = Preuß. Feld- und Forst-Polizeigesetz vom 1. April 1880.

H. d. Abg. = Haus der Abgeordneten.

H.-H. = Herrenhaus (ohne besonderen Zusatz betreff. Beratung über den Entwurf des
    neuen Wildschongesetzes).

Hohenz. = Hohenzollern.

J.-O. f. Hohenz. = Jagdordnung für die Hohenzollernschen Lande vom 10. März 1902.

J.-Sch.-G. = Jagdscheingesetz vom 31. Juli 1895.

Komm. = Kommission.

Monatsh. = Monatshefte des Allg. Deutschen Jagdschutzvereins.

R.-V.-Sch.-G. = Reichsvogelschutzgesetz.

Schultz, Jahrbuch. = Jahrbuch für Entscheidungen u. s. w. vom Landforstmeister a. D.
    W. Schultz, 1904 flg.

St.-G.-B. = Strafgesetzbuch.

Str.-P.-O. = Strafprozeß-Ordnung.

W.-Sch.-G. = Wildschongesetz vom 14. Juli 1904.

Wildschongesetz

vom 14. Juli 1904 (G.-S. 159).

Wir Wilhelm, von Gottes Gnaden König von Preußen 2c. verordnen mit Zustimmung der beiden Häuser des Landtages für den ganzen Umfang der Monarchie, mit Ausschluß der Hohenzollernschen Lande, was folgt:

§ 1.

Jagdbare Tiere sind:

a) Elch-, Rot-, Dam-, Reh- und Schwarzwild, Hasen, Biber, Ottern, Dachse, Füchse, wilde Katzen, Edelmarder;

b) Auer-, Birk- und Haselwild, Schnee-, Reb- und schottische Moorhühner, Wachteln, Fasanen, wilde Tauben, Drosseln (Krammetsvögel), Schnepfen, Trappen, Brachvögel, Wachtelkönige, Kraniche, Adler (Stein-, See-, Fisch-, Schlangen-, Schreiadler), wilde Schwäne, wilde Gänse, wilde Enten, alle anderen Sumpf- und Wasservögel mit Ausnahme der grauen Reiher, der Störche, der Taucher, der Säger, der Kormorane und der Bleßhühner.

§ 2.

Mit der Jagd zu verschonen sind:

1. männliches Elchwild vom 1. Oktober bis 31. August;
2. weibliches Elchwild und Elchkälber das ganze Jahr hindurch;
3. männliches Rot- und Damwild vom 1. März bis 31. Juli;
4. weibliches Rotwild, weibliches Damwild, sowie Kälber von Rot- und Damwild vom 1. Februar bis 15. Oktober;
5. Rehböcke vom 1. Januar bis 15. Mai;
6. weibliches Rehwild und Rehkälber vom 1. Januar bis 31. Oktober;
7. Dachse vom 1. Januar bis 31. August;
8. Biber vom 1. Dezember bis 30. September;
9. Hasen vom 16. Januar bis 30. September;
10. Auerhähne vom 1. Juni bis 30. November;
11. Auerhennen vom 1. Februar bis 30. November;
12. Birk-, Hasel- und Fasanenhähne vom 1. Juni bis 15. September:
13. Birk-, Hasel- und Fasanenhennen vom 1. Februar bis 15. September;
14. Rebhühner, Wachteln und schottische Moorhühner vom 1. Dezember bis 31. August;
15. wilde Enten vom 1. März bis 30. Juni;
16. Schnepfen vom 16. April bis 30. Juni;
17. Trappen vom 1. April bis 31. August;

18. wilde Schwäne, Kraniche, Brachvögel, Wachtelkönige und alle anderen jagdbaren Sumpf= und Wasservögel, mit Ausnahme der wilden Gänse vom 1. Mai bis 30. Juni;

19. Drosseln (Krammetsvögel) vom 1. Januar bis 20. September.

Die im vorstehenden als Anfangs= und Endtermine der Schonzeiten bezeichneten Tage gehören zur Schonzeit.

Beim Elch=, Rot=, Dam= und Rehwild gilt das Jungwild als Kalb bis einschließlich zum letzten Tage des auf die Geburt folgenden Februars.

Vorstehende Vorschriften über Schonzeiten finden auf das Fangen oder Erlegen von Wild in eingefriedigten Wildgärten keine Anwendung.

§ 3.

Aus Rücksichten der Landeskultur oder der Jagdpflege kann der Minister für Landwirtschaft, Domänen und Forsten den Abschuß weiblichen Elchwildes für die Zeit vom 16. bis 30. September gestatten.

Aus denselben Gründen können durch Beschluß des Bezirksausschusses:

    a) der Anfang und der Schluß der Schonzeiten für die in § 2 unter 12—14 genannten Wildarten und der Schluß der Schonzeit für Rehböcke anderweit, jedoch nicht über 14 Tage vor oder nach den dort bestimmten Zeitpunkten festgesetzt,

    b) das Ende der Schonzeit für Drosseln (Krammetsvögel) bis 30. September einschließlich hinausgeschoben,

    c) die Schonzeiten für Dachse und wilde Enten eingeschränkt oder gänzlich aufgehoben, sowie für Rehkälber und Biber verlängert oder auf das ganze Jahr ausgedehnt

werden.

Die hiernach zulässige Abänderung oder Aufhebung der Schonzeiten darf für den ganzen Umfang oder nur für einzelne Teile des Regierungs= bezirks, die Abänderung für die einzelnen Teile desselben Regierungsbezirks in verschiedener Weise erfolgen.

Der Beschluß zu **a** kann nur für die Dauer eines Jahres gefaßt werden.

§ 4.

Das Aufstellen von Schlingen, in denen sich jagdbare Tiere oder Kaninchen fangen können, ist verboten.

Unter dieses Verbot fällt nicht die Ausübung des Dohnenstieges mittels hochhängender Dohnen. Die Art der Ausübung des Dohnenstieges kann durch den Regierungspräsidenten im Wege der Polizeiverordnung geregelt werden.

§ 5.

Kiebitz= und Möweneier dürfen nur bis 30. April einschließlich einge= sammelt werden.

Durch Beschluß des Bezirksausschusses kann dieser Termin bis zum 10. April einschließlich zurückverlegt oder für Möweneier bis zum 15. Juni einschließlich verlängert werden.

Das Sammeln der Kiebitz= und Möweneier darf von anderen Per=
sonen als dem Jagdberechtigten nur in dessen Begleitung oder mit dessen
schriftlich erteilter Erlaubnis, welche der Sammelnde bei sich zu führen hat,
vorgenommen werden.

Eier oder Junge von anderem jagdbaren Federwild auszunehmen ist
auch der Jagdberechtigte nicht befugt, mit Ausnahme derjenigen Eier, welche
ausgebrütet werden sollen.

Zum Ausnehmen von Eiern, welche zu wissenschaftlichen oder zu Lehr=
zwecken benutzt werden sollen, bedarf es der Genehmigung der Jagd=
polizeibehörde.

§ 6.

Vom Beginne des fünfzehnten Tages der für eine Wildart festgesetzten
Schonzeit bis zu deren Ablauf ist es verboten, derartiges Wild in ganzen
Stücken oder zerlegt, aber nicht zum Genusse fertig zubereitet, in demjenigen
Bezirke, für welchen die Schonzeit gilt, zu versenden, zum Verkauf herum=
zutragen oder auszustellen oder feilzubieten, zu verkaufen, anzukaufen, oder
den Verkauf von solchem Wild zu vermitteln.

Vorstehenden Beschränkungen unterliegt nicht der Vertrieb einzelner
Arten von Wild aus Kühlhäusern, wenn er unter Kontrolle nach Maßgabe
der von den zuständigen Ministern zu erlassenden Bestimmungen stattfindet.
Die Kosten der Kontrolle fallen den Inhabern der Kühlhäuser zur Last
und können in Form einer Gebühr nach Tarifen erhoben werden.

Ferner dürfen Ausnahmen, wenn es sich um die Versendung, den
Verkauf, den Ankauf und die Verkaufsvermittelung von lebendem Wild
zum Zwecke der Blutauffrischung oder Einführung einer Wildart handelt, durch
den für den Empfangsort zuständigen Regierungspräsidenten gestattet werden.

Die Bestimmungen des ersten Absatzes finden auf Kiebitz= und Möwen=
eier entsprechende Anwendung.

§ 7.

Vom Beginne des fünfzehnten Tages der für das weibliche Elch=, Rot=,
Dam= und Rehwild festgesetzten Schonzeiten bis zu deren Ablauf ist es
verboten, unzerlegtes Elch=, Rot=, Dam= und Rehwild, bei welchem das
Geschlecht nicht mehr mit Sicherheit zu erkennen ist, zu versenden, zum
Verkauf herumzutragen oder auszustellen oder feilzubieten, zu verkaufen, an=
zukaufen oder den Verkauf von solchem Wilde zu vermitteln.

§ 8.

Die Vorschriften der §§ 6 und 7 finden auf Wild keine Anwendung,
welches im Strafverfahren in Beschlag genommen oder eingezogen, oder
welches mit Genehmigung oder auf Anordnung der zuständigen Behörde
oder in Fällen erlegt ist, in denen besondere gesetzliche Vorschriften es ge=
statten (§ 19 Abs. 2).

1*

Wer jedoch solches Wild in ganzen Stücken oder zerlegt versendet, zum Verkauf herumträgt oder ausstellt oder feilbietet, verkauft, oder den Verkauf von solchem Wilde vermittelt, muß mit einer befristeten Bescheinigung der Ortspolizeibehörde oder des von ihr mit Genehmigung des Landrats zur Ausstellung einer solchen ermächtigten Gemeinde= (Guts=) Vorstehers versehen sein.

Der Käufer muß sich die Bescheinigung vorzeigen lassen.

§ 9.

Die Versendung von Wild darf nur unter Beifügung eines Ursprungsscheines erfolgen.

Die näheren Vorschriften werden von dem Oberpräsidenten oder dem Regierungspräsidenten im Wege der Polizeiverordnung erlassen; hierbei können von dem Erfordernisse des Ursprungscheines bezüglich einzelner kleinerer Wildarten Ausnahmen gestattet werden.

§ 10.

Die Vorschriften der §§ 6 bis 9 finden auch auf Wild, welches in eingefriedigten Wildgärten erlegt oder gefangen ist, Anwendung.

§ 11.

Der Bezirksausschuß ist befugt, für den Umfang des ganzen Regierungsbezirks oder einzelne Teile des letzteren diejenigen nicht jagdbaren Vögel zu bezeichnen, auf welche die Ausnahmebestimmung des § 5 Abs. 1 des Reichsgesetzes, betreffend den Schutz von Vögeln, vom 22. März 1888 (R.=G.=B., S. 111) dauernd oder vorübergehend Anwendung finden darf.

§ 12.

Der Beschluß des Bezirksausschusses ist in den Fällen der §§ 3, 5 und 11 endgültig.

§ 13.

Mit den nachstehenden Geldstrafen wird bestraft, wer während der Schonzeit erlegt oder einfängt:

1. ein Stück Elchwild . . . . 150 Mk.
2. ein Stück Rotwild . . . . 150 =
3. ein Stück Damwild . . . . 100 =
4. einen Biber . . . . 100 =
5. ein Stück Rehwild . . . . 60 =
6. ein Stück Auerwild, eine Trappe, einen Schwan 30 =
7. einen Dachs, einen Hasen, ein Stück Birk= oder Haselwild, eine Schnepfe oder einen Fasan . 10 =
8. ein Rebhuhn, ein schottisches Moorhuhn, eine Wachtel, eine wilde Ente, einen Kranich, einen Brachvogel, einen Wachtelkönig oder einen sonstigen jagdbaren Sumpf= oder Wasservogel . 5 =
9. eine Drossel (Krammetsvogel) . . . . . . 2 =

Sind mildernde Umstände vorhanden, so kann die Geldstrafe in den Fällen 1 bis 4 bis auf 15 Mk., 5 und 6 bis auf 5 Mk., in den Fällen 7 bis 9 bis auf 1 Mk. für jedes Stück ermäßigt werden.

§ 14.

Bei Einführung oder Einwanderung bisher nicht einheimischer Wildarten kann durch Königliche Verordnung Bestimmung getroffen werden über ihre Jagdbarkeit, die Festsetzung von Schonzeiten für sie und die Androhung von Strafen bei Verletzung der festgesetzten Schonzeiten.

§ 15.

Mit Geldstrafe bis zu 150 Mk. wird bestraft, wer:

1. innerhalb der Schonzeit auf die durch diese geschützten Tiere die Jagd ausübt, ohne sie zu erlegen oder einzufangen;
2. den Vorschriften des § 4 zuwider Schlingen stellt, in denen jagdbare Tiere oder Kaninchen sich fangen können.

Ist in den Schlingen Wild gefangen worden, für welches eine Schonzeit vorgeschrieben ist, so darf eine niedrigere Strafe, als wie sie nach §§ 13 und 14 angedroht ist, nicht verhängt werden. Das Gleiche findet Anwendung auf Wild, für welches die Schonzeiten deshalb nicht gelten, weil es sich in eingefriedigten Wildgärten befindet.

Bei einer Zuwiderhandlung gegen den § 4 ist neben der Geldstrafe die Einziehung der Schlingen auszusprechen, ohne Unterschied, ob sie dem Schuldigen gehören oder nicht.

§ 16.

Mit Geldstrafe bis zu 150 Mk. wird bestraft: wer den Vorschriften der §§ 6, 7 und 8 zuwider Wild oder Kiebitz- oder Möweneier versendet, zum Verkauf herumträgt oder ausstellt oder feilbietet, verkauft, ankauft oder den Verkauf von solchem Wild (Eiern) vermittelt.

Hat der Täter gewerbs- oder gewohnheitsmäßig gehandelt, so ist eine Geldstrafe von nicht unter 30 Mk. zu verhängen.

Neben der Geldstrafe ist das den Gegenstand der Zuwiderhandlung bildende Wild (die Kiebitz- und Möweneier) einzuziehen ohne Unterschied, ob der Schuldige Eigentümer ist oder nicht; von der Einziehung kann abgesehen werden, wenn der Ankauf nur zum eigenen Verbrauche geschehen ist.

§ 17.

An die Stelle einer nach Maßgabe der vorstehenden Bestimmungen zu verhängenden, nicht beitreibbaren Geldstrafe tritt Haftstrafe nach Maßgabe der §§ 28 und 29 des Reichs-Strafgesetzbuches.

§ 18.

Für die Geldstrafe und die Kosten, zu denen Personen verurteilt werden, welche unter der Gewalt, der Aufsicht oder im Dienste eines anderen stehen und zu dessen Hausgenossenschaft gehören, ist letzterer im Fall des Unvermögens der Verurteilten für haftbar zu erklären, und zwar unabhängig von der etwaigen Strafe, zu welcher er selbst auf Grund dieses Gesetzes oder des § 361 zu 9 des Strafgesetzbuches verurteilt wird. Wird festgestellt, daß die Tat nicht mit seinem Wissen verübt ist, oder daß er sie nicht verhindern konnte, so wird die Haftbarkeit nicht ausgesprochen.

Hat der Täter noch nicht das zwölfte Lebensjahr vollendet, so wird derjenige, welcher in Gemäßheit der vorstehenden Bestimmungen haftet, zur Zahlung der Geldstrafe und der Kosten als unmittelbar haftbar verurteilt. Dasselbe gilt, wenn der Täter zwar das zwölfte, aber noch nicht das achtzehnte Lebensjahr vollendet hatte und wegen Mangels der zur Erkenntnis der Strafbarkeit seiner Tat erforderlichen Einsicht freizusprechen ist, oder wenn derselbe wegen eines seine freie Willensbestimmung ausschließenden Zustandes straffrei bleibt.

Gegen die in Gemäßheit der vorstehenden Bestimmungen als haftbar Erklärten tritt an die Stelle der Geldstrafe eine Freiheitsstrafe nicht ein.

§ 19.

Alle dem gegenwärtigen Gesetze entgegenstehenden Bestimmungen treten außer Kraft, insbesondere § 24 Tit. XIV der Forstordnung für Ostpreußen und Litauen vom 3. Dezember 1775 und § 31 der Hannoverschen Jagdordnung vom 11. März 1859 (Hannoversche Gesetzsamml. I, S. 159).

Die Befugnisse, welche in den einzelnen Landesteilen zum Schutz gegen Wildschaden in betreff des Erlegens von Wild auch während der Schonzeit gesetzlich bestehen, werden durch dieses Gesetz nicht geändert.

In denjenigen Landesteilen, in denen das Recht, Kiebitz- und Möweneier einzusammeln, anderen Personen als den Jagdberechtigten zusteht, bleibt dieses Recht bis zum Ablaufe der bei dem Inkrafttreten dieses Gesetzes bestehenden Jagdpachtverträge von dessen Bestimmungen unberührt. Urkundlich unter Unserer Höchsteigenhändigen Unterschrift und beigedrücktem

Königlichen Insiegel.

Gegeben Aalesund an Bord M. J. „Hohenzollern"
den 14. Juli 1904.

(L. S.)   Wilhelm.

Gr. v. Bülow.   Schönstedt.   Gr. v. Posadowsky.   Studt.
Frhr. v. Rheinbaben.   v. Podbielski.   Frhr. v. Hammerstein.
Möller.   v. Einem.

Anweisung

vom 21. Juli 1904[1])

zur Ausführung des Wildschongesetzes

vom 14. Juli 1904 (G.-S. 159).

1. Zu § 1. § 1 des Gesetzes bestimmt einheitlich für den ganzen Staat (ausschließlich Hohenzollern), welche Tiere jagdbar sind. Hierdurch ist nichts an den bestehenden Vorschriften hinsichtlich der Rechte an den jagdbaren Tieren geändert.

2. Zu § 3. a) Die im Herbst vom Norden nach dem Süden durchziehenden Drosseln erscheinen in den einzelnen Gegenden zu verschiedenen Zeiten. Absatz 2 zu b soll die Möglichkeit geben, den Krammetsvogelfang dann erst beginnen zu lassen, wenn die heimischen Drosseln bereits fortgezogen sind.

b) Die gänzliche Aufhebung der Schonzeit für wilde Enten wird sich nur dann rechtfertigen lassen, wenn diese Vögel durch massenhaftes Auftreten der Fischerei ernstlich schädlich werden.

c) Der Beschluß Absatz 2 zu a hat nur Gültigkeit für die Dauer der jährlichen Jagdperiode; die Beschlüsse zu b und c können gefaßt werden für eine näher bestimmte Reihe von Jahren oder auf unbestimmte Zeit bis zu ihrer Wiederaufhebung.

Soweit für das Jahr 1904 bereits Beschlüsse auf Grund des Gesetzes über die Schonzeiten des Wildes vom 26. Februar 1870, § 2, gefaßt sind, welche mit den Bestimmungen des § 3 des neuen Wildschongesetzes unvereinbar sind, sind sie schleunigst aufzuheben und, soweit erforderlich, durch andere zu ersetzen.

3. Zu § 4. Da die Drosseln (Krammetsvögel) zu den jagdbaren Tieren gehören, stellt die Ausübung des Dohnenstieges eine Jagdausübung

---

[1]) An sämtliche Oberpräsidenten, sämtliche Regierungspräsidenten (außer Sigmaringen) und an den Polizeipräsidenten zu Berlin.

dar. Wer diese Jagd ausübt, muß einen auf seinen Namen lautenden Jagdschein bei sich führen. Der Erlaß von Polizeiverordnungen soll der überflüssigen Tierquälerei bei Ausübung des Dohnenstieges vorbeugen. (Vergleiche Runderlaß des Landwirtschaftsministers an die Regierungen vom 11. Februar 1891 $\frac{\text{I B. } 1250}{\text{III } 2033}$.)

Kaninchen gehören, da sie im § 1 nicht aufgeführt sind, in Zukunft nirgends mehr zu den jagdbaren Tieren.

4. Zu § 5. Kiebitze und Möwen gehören als Sumpf= und Wasser= vögel zu den jagdbaren Tieren. Das Sammeln der Eier dieser Vögel stellt eine Jagdausübung dar, zu der es aber nach § 2 des Jagdschein= gesetzes vom 31. Juli 1895 der Lösung eines Jagdscheines nicht bedarf. Absatz 3 versteht sich nach dem Jagdpolizeigesetz vom 7. März 1850, § 17, von selbst, ist aber aufgenommen worden, weil ohne ihn das Suchen der Eier auf Pachtjagden in der Provinz Hannover nur in Begleitung des Jagdpächters zulässig gewesen wäre. (§ 14 der Hannoverschen Jagdord= nung vom 11. März 1859.) Der letzte Absatz des § 19 hat den Zweck, in denjenigen Landesteilen, in denen die Kiebitze und Möwen bisher nicht jagdbar waren, ihre Eier mithin von anderen Personen als dem Jagd= berechtigten gesucht werden durften, diese Befugnis bis zum Ablauf der zurzeit bestehenden Jagdpachtverträge zu erhalten. Erst beim Abschluß neuer Jagdpachtverträge wird auch hier das Recht, die Eier zu sammeln, den Jagdberechtigten allein vorbehalten sein.

Damit, daß die Kiebitze und Möwen allgemein zu jagdbaren Tieren erklärt worden sind, sollte diesen für die Landwirtschaft nützlichen Vogel= arten ein Schutz gegen ihre Ausrottung gegeben werden. Dieses würde besonders bezüglich der Kiebitze vereitelt werden, wenn das Eier= sammeln stets bis zum 30. April gestattet sein sollte, da in einigen Gegen= den der Kiebitz, seltener die Möwe, so zeitig im Jahre anfängt, Eier zu legen, daß bei der ausnahmslosen Freigabe des Eiersammels bis zum 30. April auch die letzten Gelege in Gefahr kämen, fortgenommen zu werden. In solchen Fällen ist es angezeigt, die Zeit des Eiersammelns einzuschränken.

Andererseits beginnt in manchen Gegenden, besonders im Osten, die Möwe erst im Anfang Mai mit dem Eierlegen. Hier kann die Frist un= bedenklich verlängert werden.

5. Zu § 6, Absatz 2. Wegen des Vertriebes von Wild aus Kühl= häusern wird eine besondere Anweisung ergehen.[1]

6. Zu §§ 6 bis 9. Das Wildschongesetz vom 14. Juli 1904 hat es sich zur Aufgabe gestellt, durch Verschärfung der Bestimmungen über die

---

[1] Siehe unten S. 14.

Kontrolle des Verkehrs mit Wild den Wilddiebstahl zu erschweren. Diese Aufgabe wird nur erfüllt werden können, wenn die in den §§ 6 bis 9 des Gesetzes gegebenen Handhaben voll ausgenutzt werden. § 9 stellt zunächst das in einzelnen Gerichtsentscheidungen angezweifelte Recht der Verwaltungsbehörden, im Wege der Polizeiverordnung den Verkehr mit Wild zu regeln, außer Frage und schreibt eine solche Regelung vor. Dieses gilt auch für die Provinzen Ostpreußen und Hannover, für welche die nach Gerichtsentscheidungen entgegenstehenden Gesetzesvorschriften aufgehoben worden sind. (§ 19 Absatz 1 des Gesetzes.) Solche Polizeiverordnungen sind jetzt schon fast für sämtliche Provinzen und Regierungsbezirke erlassen worden. Es ist nunmehr für diese Bezirke zu prüfen, ob die bestehenden Verordnungen abzuändern sind. Für die anderen Bezirke (so auch für Hannover und Ostpreußen) sind Verordnungen zu erlassen. Hierbei ist davon auszugehen, daß im Interesse der Einheitlichkeit die Verordnungen für den gesamten Umfang der Provinzen, und nur da, wo innerhalb der Provinz so verschiedenartige Verhältnisse vorliegen, daß ihre Berücksichtigung erforderlich ist, Regierungsbezirksverordnungen zu erlassen sind. Zu prüfen ist insbesondere, ob der Ursprungsschein für alle Wildarten vorgeschrieben werden muß, oder ob Ausnahmen für einzelne kleinere Wildarten zugelassen werden können. Besondere Aufmerksamkeit ist der Frage zuzuwenden, wie es verhindert werden kann, daß ein Mißbrauch der ausgestellten Bescheinigungen durch nochmalige Verwendung stattfindet. Als ein wirksames Mittel, die Identität des mittels Ursprungsscheins versandten Wildes festzustellen, hat sich bei dem größeren Wilde die Vorschrift erwiesen, daß in dem Scheine das Gewicht des Stückes Wild angegeben wird.

Die Polizeiverordnungen müssen regeln die Versendung des Wildes, d. h. den Verkehr von Ort zu Ort, sie können auch Bestimmungen treffen für den Handel mit Wild, d. h. den Verkehr an einem und demselben Orte. Es wird zu prüfen sein, ob auch für eine solche Regelung ein Bedürfnis vorliegt. Endlich bedarf es der Erwägung, ob die Ausstellung der Bescheinigung nach § 8, Absatz 2 des Gesetzes in den Verordnungen näher zu regeln ist, andernfalls empfiehlt es sich, im Aufsichtswege für den Verwaltungsbezirk eine einheitliche Frist vorzuschreiben, für welche diese Bescheinigung auszustellen ist, und mit deren Ablauf sie ihre Gültigkeit verliert.

Die Herren Oberpräsidenten werden ersucht, die vorstehenden Fragen (zu 6 dieser Anweisung) nach Benehmen mit den Regierungspräsidenten zu prüfen und über die von ihnen beabsichtigten Maßregeln unter Beifügung von Entwürfen der Polizeiverordnungen binnen zwei Monaten zu berichten. Als Anhalt wird die für Hohenzollern erlassene Verordnung vom 7. April 1903 beigefügt.[1]

---

[1] Vgl. unten S. 12.

Die Landräte sind darauf hinzuweisen, daß bei der Auswahl der Ge=
meinde= (Guts=) Vorsteher, welche mit der Ausstellung der Bescheinigungen
nach § 8, Absatz 2 betraut werden, mit der äußersten Vorsicht zu ver=
fahren ist.

Nach Erlaß der Verordnungen ist von ihnen den Eisenbahn= und
Oberpostdirektionen Kenntnis zu geben (vergl. Zirkularverfügungen vom
9. August 1873 und vom 30. August 1873, Ministerialblatt für die innere
Verwaltung, Seite 274).

7. Zu § 11. § 11 will die bisher fehlende landesgesetzliche Bestim=
mung, welche die Voraussetzung für die Erlaubnis aus § 5 des Reichs=
vogelschutzgesetzes vom 22. März 1888 bildet, schaffen und wird vor allem
für Störche, die an sich unter den Schutz dieses Gesetzes fallen, in Frage
kommen. Es ist aber darauf zu halten, daß die neue Bestimmung nicht zur
allgemeinen Ausrottung des Storchs ausgenutzt wird, sondern nur dann
zur Anwendung gelangt, wenn und solange der Storch wirklich eine ernste
Gefahr für das jagdbare Feder= und Haarwild bedeutet.

8. Zu § 14. Hier kommt vor allem das Steppenhuhn in Frage,
wenn dieses wiederum nach Preußen einwandern sollte.

9. § 15 zu 1 bestraft das Jagen auf Wild während der Schonzeit,
ohne daß der beabsichtigte Erfolg, das Erlegen oder Einfangen, erreicht
wird. § 5 des Wildschongesetzes vom 26. Februar 1870 bestrafte nur das
wirklich erreichte Einfangen oder Töten, obwohl im § 1 jedes Jagen (Auf=
suchen, Verfolgen, Nachstellen des Wildes, Schießen auf Wild) während
der Schonzeit, auch ohne daß ein Töten oder Einfangen erfolgte, verboten
war, während das erfolglose Jagen nach § 18, Absatz 2 des Jagdpolizei=
gesetzes vom 7. März 1850 bestraft wurde. § 13 und § 15 zu 1 geben
also für den Geltungsbereich des Jagdpolizeigesetzes nur den bestehenden
Rechtszustand wieder. Voraussetzung für die Anwendung des § 15 zu 1
ist die Absicht, die Jagd auszuüben; unter Ausübung der Jagd sind nur
solche vorsätzlichen Handlungen zu verstehen, die auf Okkupation des Wildes
gerichtet sind. Die Abgabe blinder Schüsse bei dem Abführen von Jagd=
hunden würde z. B. nicht den Tatbestand des § 15 zu 1 erfüllen.

10. § 18 stimmt überein mit §§ 11 bis 13 des Forstdiebstahlsgesetzes
vom 15. April 1878 und § 5 des Feld= und Forstpolizeigesetzes vom
1. April 1880.

11. § 19, Absatz 2 hält ausdrücklich die Bestimmungen, welche das
Erlegen von Wild während der Schonzeit zum Schutz gegen Wildschäden
gestatten, aufrecht. Es kommen hierbei in Betracht laut Begründung:

Jagdpolizeigesetz vom 7. März 1850, §§ 23, 24.

Verordnung, betr. das Jagdrecht und die Jagdpolizei im ehemaligen
Herzogtum Nassau, vom 30. März 1867, §§ 25, 26.

Jagdordnung für Hannover vom 11. März 1859, § 27.

Kurhessisches Jagdgesetz vom 7. September 1865, §§ 26, 28.

Großherzoglich hessisches Gesetz vom 6. August 1810, § 20, und Verordnung vom 21. September 1815 sowie das Gesetz vom 26. Juli 1848, Art. 13.

Landgräflich hessisches Gesetz für Amt Homburg vom 8. Oktober 1849, § 18.

Bayerische Verordnung vom 5. Oktober 1863, § 18.

Gesetz, betr. das Jagdrecht und die Jagdpolizei im Herzogtum Lauenburg, vom 17. Juli 1872, §§ 26, 27.

Gesetz, betr. Aufhebung des Jagdrechts auf fremdem Grund und Boden in den vormals Kurfürstlich hessischen und Großherzoglich hessischen Landesteilen und in der Provinz Schleswig-Holstein, vom 1. März 1873, § 7.

Wildschadengesetz vom 11. Juli 1891, §§ 12, 13, 16.

12. Die Rückseite der Jagdscheine wird nunmehr an Stelle des in unserer Ausführungsanweisung vom 2. August 1895 zum Jagdscheingesetz vom 31. Juli 1895 mitgeteilten Musters folgendermaßen zu lauten haben: u.s.w.

Berlin, den 30. Juli 1904.

Der Minister für Landwirtschaft,   Der Minister des Innern.
Domänen und Forsten.

Anlage zu Nr. 6 der Anweisung vom 21. Juli 1904.

Polizeiverordnung.

Veräußerung und Versendung von Wild.

Auf Grund des Gesetzes über die Polizeiverwaltung vom 11. März 1850 (G.=S., S. 265), §§ 6, 12 und 15, des Gesetzes über die allgemeine Landesverwaltung vom 30. Juli 1883 (G.=S. S. 195), §§ 137 und 139, der Jagdordnung für die hohenzollernschen Lande vom 10. März 1902 (G.=S. S. 33), § 17 Absatz 2, 3, 5 wird für den Umfang des Regierungs= bezirkes folgendes vorgeschrieben:

§ 1. Jagdbares Wild muß mit einer Bescheinigung über den recht= mäßigen Erwerb (Ursprungschein) versehen sein, wenn es ganz oder zer= legt, aber noch nicht zum Genuß fertig zubereitet ist und zum Verkauf herumgetragen, — in Läden oder sonst auf irgend eine Art zum Verkauf ausgestellt oder feilgeboten — in Ortschaften eingebracht — den Eisen= bahnen, Posten oder sonstigen Verkehrsanstalten übergeben wird.

§ 2. Dieser Ursprungschein muß erkennen lassen:

a) den Jagdbezirk und die Zeit, in der das Wild erlegt oder ge= funden wurde,

b) die Wildgattung,

c) den Jagdberechtigten oder seinen Stellvertreter,

d) Beglaubigung der Unterschriften

    a) durch die Ortspolizeibehörde (den Bürgermeister),

    b) die Gemeinde, in welcher der Schein ausgestellt ist.

Der Ursprungschein muß für jedes einzelne Stück Wild besonders aus= gestellt und an ihm befestigt sein.

§ 3. 1. Eines Ursprungscheines bedürfen nicht folgende Wildarten: Rebhühner, Wildenten, Wildtauben, Schnepfen, Bekassinen, Raubwild (Füchse, Habichte).

2. Desgleichen nicht Wild, welches der berechtigte Jäger auf der Jagd oder auf der Rückkehr von der Jagd bei sich führt oder durch Beauftragte sich bringen läßt nach seinem Wohnorte in der Gemeinde des Jagdbezirkes oder nach seinem Beförderungsmittel in der Nähe des Jagdbezirkes.

3. Ist das Wildpret nachweisbar außerhalb des Regierungsbezirks er= legt, so genügt an Stelle des Ursprungscheines ein Post=, Fracht= oder sonstiger Versendungschein, welcher den auswärtigen Ursprung des Wildes an= gibt, oder eine entsprechende Bescheinigung der betreffenden Grenz=Zollbehörde.

4. Ist das Wild auf Anordnung oder mit Genehmigung des Ober=
amtmanns erlegt (Jagdordnung §§ 20 bis 22), so genügt eine Beschei=
nigung des betreffenden Oberamtmannes, welche die Angaben des Ursprungs=
scheines enthält.

5. Die Beglaubigung der Namensunterschrift ist nicht erforderlich,
wenn der Jagdberechtigte oder sein Stellvertreter als Beamter zur Führung
eines Dienstsiegels berechtigt ist und er sein Dienstsiegel der Namensunter=
schrift beidrückt.

§ 4. Die Bescheinigungen aus § 2 und § 3 Absatz 3 und 4 sind
ungültig, wenn 14 Tage vergangen sind, seit das Wild nach der Bescheini=
gung erlegt oder gefunden ist.

§ 5. Zuwiderhandlungen werden mit Geldstrafen von 5 bis 150 Mk.
bestraft. Neben der Geldstrafe ist auf Einziehung des Wildes zu erkennen.
(Jagdordnung § 25.)

§ 6. Die Bestimmungen über die Ursprungsscheine treten mit dem
1. Mai 1903 in Kraft.

Sigmaringen, den 7. April 1903.

Ursprungsscheine für Wild.

Unter Bezugnahme auf die Polizeiverordnung, betreffend Veräußerung
und Versendung von Wild, vom heutigen Tage wird bekannt gemacht, daß
für den Ursprungsschein in § 2 der Verordnung nachstehendes Muster ent=
worfen ist:

Ursprungsschein.
Jahr 19 . .
(Gültig 14 Tage von dem hier unten angegebenen Tage, an welchem das
Wild erlegt oder gefunden ist.)
Wild: . . . . Gewicht: . . . .
Erlegt oder gefunden am: . . . .
Jagdbezirk: . . . .
Verkauft am:⎫
    oder ⎬ . . . .
Versandt am:⎭

. . . . (Gemeinde,
in welcher der Schein ausgestellt ist.)

. . . .
(Name des Jagdberechtigten oder dessen Stellvertreters.)
Die Unterschrift beglaubigt

(L. S.) . . . .
      . . . .
(Name und Stand.)

Ausführungsbestimmung

vom 15. August 1904,[1])

betreffend den Vertrieb von Wild aus Kühlhäusern während der Schonzeit.

Auf Grund des § 6 Absatz 2 des Wildschongesetzes vom 14. Juli 1904 (G.-S. S. 159) wird nachstehendes bestimmt.

§ 1.

Der Vertrieb von Wild aus Kühlhäusern wird in der Zeit vom Beginn des fünfzehnten Tages der für die betreffende Wildart festgesetzten Schonzeit bis zu deren Ablauf für folgende Wildarten, nämlich für Elch-, Rot-, Dam- und Rehwild, sowie für Hasen zugelassen.

§ 2.

Das Wild, welches in der angegebenen Zeit aus den Kühlhäusern vertrieben werden soll, um versendet, zum Verkauf herumgetragen oder ausgestellt oder feilgeboten oder verkauft zu werden, ist seitens der Ortspolizeibehörde am rechten Gehör mit einer Ohrmarke zu versehen, die auf der einen Seite, dem Knopf, den Preußischen Wappenadler, umgeben von der Bezeichnung des Ortes, an dem die Ohrmarke ausgegeben und angebracht ist, z. B. Berlin und dem Worte „Kühlhaus", auf der anderen Seite, einer flachen Platte, eine fortlaufende Nummer zu enthalten hat. Der Adler ist erhaben zu prägen. Die Ohrmarke ist so einzurichten und zu befestigen, daß sie von dem Gehör nicht entfernt werden kann, ohne daß der Knopf zerstört wird.

§ 3.

Der Beauftragte der Polizeibehörde hat die Ohrmarke selbst an dem Wild anzubringen.

Die Polizeibehörde hat in einer Liste zu vermerken, welche Nummern sie für jedes Kühlhaus verwendet hat. Die Inhaber der Kühlhäuser müssen darüber Buch führen, wann und an welchen Abnehmer sie das betreffende Stück Wild aus den Kühlhäusern abgegeben haben, und welche Nummer an diesem angegeben war. Bei Hasen kann mit Genehmigung der Landespolizeibehörde davon abgesehen werden, daß auf den Ohrmarken Nummern angebracht werden, und daß über die Abgabe des Wildes aus dem Kühlhaus Buch geführt wird.

---

[1]) An sämtliche Oberpräsidenten, sämtliche Regierungspräsidenten (außer Sigmaringen) und an den Polizeipräsidenten zu Berlin.

§ 4.

Das aus den Kühlhäusern in der im § 1 angegebenen Zeit vertriebene Wild darf nur mit der Ohrmarke versehen und nur im unzerlegten und unabgehäuteten Zustande, wenn auch ausgenommen, versendet, zum Verkauf herumgetragen oder ausgestellt oder feilgeboten, verkauft oder angekauft werden.

§ 5.

Die durch die Ausführung vorstehender Bestimmungen entstehenden Kosten sind von den Inhabern der Kühlhäuser zu tragen. Sie sind als Gebühren bei der Anbringung der Ohrmarken zu erheben, welche von den Landespolizeibehörden in Form eines Gebührentarifs festzusetzen sind. Die Gebühren sind so zu bemessen, daß sie die Kosten ihrer Erhebung, einschließlich einer Entschädigung für die Mühewaltung der mit der Anbringung der Marken betrauten Polizeibeamten, der Anbringung und Beschaffung der Ohrmarken und der Listenführung über die ausgegebenen Nummern nicht übersteigen.

§ 6.

Die Landespolizeibehörden haben die weiter noch erforderlichen Ausführungsbestimmungen für ihre Verwaltungsbezirke zu erlassen.

Geeignete Muster für die Ohrmarken werden von der Firma H. Hauptner, Luisenstraße 53, Berlin NW. 6, geführt.

Berlin, den 15. August 1904.

Der Finanzminister.

Der Minister für Landwirtschaft, Domänen und Forsten.

Der Minister des Innern.

Der Minister für Handel und Gewerbe.

Auf Grund des § 6 Absatz 2 des Wildschongesetzes vom 14. Juli 1904 (G.=S. S. 159) wird in Erweiterung der Ausführungsbestimmung vom 15. August 1904 folgendes bestimmt:

§ 1.

Die Landräte, in Städten mit mehr als 10 000 Einwohnern die Ortspolizeibehörden, sind ermächtigt, für den Vertrieb von Wild in der Zeit von Beginn des fünfzehnten Tages der für die betreffende Wildart festgesetzten Schonzeit bis zu deren Ablauf aus solchen Kühlhäusern, deren Einrichtungen einen ordnungsgemäßen Betrieb gewährleisten, die nachfolgenden Erleichterungen, einzeln oder insgesamt, auf Widerruf zuzugestehen, wenn der Vertrieb der besonderen Kontrolle der Polizeibehörden unterstellt, namentlich den Beauftragten der Polizei jederzeit freier Zutritt zu den der Aufbewahrung des Wildes dienenden Räumen zugesichert wird:

1. Flugwild darf vertrieben werden, wenn es mit einer Plombe gekennzeichnet ist. Die Plombe ist durch die Nasenlöcher anzubringen. Es ist zulässig, mit derselben Plombe zugleich mehrere Stück Flugwild zu kennzeichnen.

2. Hasen können durch Anbringung einer Plombe an der Heese des
rechten Hinterlaufes anstatt der Ohrmarke gekennzeichnet werden.
Die so bezeichneten Hasen dürfen auch im abgehäuteten, im übrigen
aber unzerlegten Zustande vertrieben werden.

3. Das mit der Ohrmarke versehene Elch=, Rot=, Dam= und Rehwild
(§ 2 der Ausf.=Best. vom 15. August 1904) darf in zerlegtem Zu=
stande vertrieben werden, wenn die einzelnen Teile, welche versendet,
zum Verkauf herumgetragen oder ausgestellt, feilgeboten, verkauft
oder angekauft werden sollen, mit einer Plombe gekennzeichnet sind,
bevor sie das Kühlhaus verlassen.

4. Für Wild oder Wildteile, welche mit einer Plombe vertrieben
werden, ist die Anbringung einer Nummer und die Buchführung
über die erfolgte Abgabe (§ 3 der Ausf.=Best. vom 15. August
1904) nicht erforderlich; jedoch ist die Abgabe von Elch=, Rot=,
Dam= und Rehwild im zerlegten Zustande in dem Buche bei der
betreffenden Nummer zu vermerken.

§ 2.

Die erwähnten amtlichen Plomben sind mittels einer Schlinge so zu
befestigen, daß sie nicht entfernt werden können, ohne daß die Schlinge zer=
stört wird.

Die Plombe trägt auf der Vorderseite den preußischen Wappenadler,
auf der Rückseite das Wort „Kühlhaus" und den Namen des Ortes, an
dem sie angebracht ist, z. B. „Berlin", ferner an Orten, in denen für
mehrere Kühlhäuser die vorstehenden Erleichterungen zugestanden worden
sind, zur Bezeichnung des einzelnen Kühlhauses einen Buchstaben, welchen
die Behörde bestimmt.

Die Anbringung der Plomben erfolgt durch Beauftragte der Orts=
polizei oder in ihrer Gegenwart und unter ihrer Verantwortung durch An=
gestellte des Kühlhauses. Die Plombenzange bleibt in Gewahrsam der
Polizeibehörde.

§ 3.

Die entstehenden Kosten sind nach § 5 der Ausführungsbestimmung
vom 15. August 1904 aufzubringen.

Berlin, den 1. Dezember 1904.

Der Minister für Landwirtschaft,
Domänen und Forsten.

Der Minister des Innern.

Der Finanzminister.

Der Minster für Handel und Gewerbe.

Allgemeine Verfügung des Ministers für Landwirtschaft, Domänen und Forsten und des Ministers des Innern

vom 23. Dezember 1904.[1])

Die allgemeine Regelung des Wildverkehrs, welche auf Grund des § 9 des Wildschongesetzes vom 14. Juli 1904 (G.-S., S. 159) gemäß Nr. 6 unserer Anweisung vom 30. Juli d. J. — I. B. d. 5828 — zur Ausführung dieses Gesetzes im Wege der Polizeiverordnung in Aussicht genommen ist, wird, soweit sich bis jetzt übersehen läßt, noch eine geraume Zeit in Anspruch nehmen, zumal die eingeforderten Berichte bisher erst zum kleinsten Teile eingegangen sind. Mit Rücksicht hierauf ist es erforderlich, vorbehaltlich späterer endgültiger Regelung, auf Grund des § 6 Abs. 2 a. a. O. schon jetzt darüber Bestimmung zu treffen, in welcher Weise die Versendung von Wild aus Kühlhäusern während der Schonzeit nach außerhalb zu erfolgen hat, soweit hierzu ein Bedürfnis vorliegt und diese Frage nicht bereits durch polizeiliche Bestimmungen geregelt ist. Sofern die Neuregelung eine Abänderung der bestehenden und im übrigen vorläufig aufrecht zu erhaltenden Bezirks- und Provinzial-Polizeiverordnungen erfordert, müßte sie von denjenigen Organen vorgenommen werden, welche letztere Verordnungen erlassen haben. Wenn diese Voraussetzung nicht zutrifft, würde nichts im Wege stehen, daß sie zunächst denjenigen Polizeibehörden überlassen wird, in deren Bezirk Kühlhäuser oder dazu gehörige Anlagen sich befinden. Es wird genügen, die Ausfertigung der in § 6 des Wildschongesetzes vorgeschriebenen Ursprungsscheine bei Versendung von Wild aus Kühlhäusern nach außerhalb den Kühlhausinhabern zu übertragen und nur vorzuschreiben, daß diese Ursprungsscheine neben der Bezeichnung des Kühlhauses bei Versendung von Wild mit nummerierter Ohrmarke die Nummer der Marke, bei Versendung von Wild mit unnummerierte Ohrmarke oder Plombe die Bezeichnung der Ohrmarke oder Plombe nach Ursprungsort und, wenn angegeben, Buchstabe des Kühlhauses enthalten müssen. Von einer Beglaubigung solcher Ursprungsscheine durch die Ortspolizeibehörde wird vielleicht abgesehen werden können.

Wir ersuchen, hiernach schleunigst das Weitere zu veranlassen und von den erlassenen Polizeiverordnungen je eine Abschrift mir, dem Minister für Landwirtschaft, Domänen und Forsten, innerhalb zwei Monaten einzureichen.

Der Minister für Landwirtschaft,   Der Minister des Innern.
   Domänen und Forsten.

---

[1]) An sämtliche Herren Oberpräsidenten außer Magdeburg, sämtliche Herren Regierungspräsidenten außer Sigmaringen und an den Herrn Polizeipräsidenten zu Berlin.

Allgemeine Verfügung des Ministers für Landwirtschaft, Domänen und Forsten

vom 23. Januar 1905.[1])

Im fünften Satze des Runderlasses vom 23. Dezember v. J. muß es heißen „Ursprungsort" nicht „Ursprungsart".

Mit der Bestimmung dieses Erlasses, daß die in § 9 des Wildschongesetzes vom 14. Juli 1904 vorgeschriebenen Ursprungsscheine bei Versendung von Wild aus Kühlhäusern nach außerhalb neben der Bezeichnung des Kühlhauses bei Wild mit numerierter Ohrmarke die Nummer der Marke, bei Wild mit unnumerierter Ohrmarke oder Plombe die Bezeichnung der Ohrmarke oder Plombe nach Ursprungsort und, wenn angegeben, Buchstabe des Kühlhauses enthalten müssen, soll gesagt sein, daß auf den Ursprungsscheinen die Ohrmarken oder Plomben zu bezeichnen sind, wie sie nach den Ausführungsbestimmungen vom 15. August bezw. 1. Dezember v. Js. gekennzeichnet sein sollen, z. B. „Ohrmarke, enthaltend die Bezeichnung: Kühlhaus (A) Berlin."

---

[1]) An sämtliche Herren Oberpräsidenten außer Magdeburg, sämtliche Herren Regierungspräsidenten außer Sigmaringen und an den Herrn Polizeipräsidenten zu Berlin.

Einleitung.

Beschränkungen der zeitlichen Ausübung der Jagd wurden in Deutsch=
land schon im Mittelalter angeordnet, so schon im 13. Jahrhundert für die
Setzzeit. Vgl. Schwappach, Forst= und Jagdgesch., S. 224, Anm. 13;
er nimmt Bezug auf Grimm, Weistümer IV, S. 744, 588, VI, 197; La=
comblet, Archiv II, S. 335. Später, und namentlich seit dem 17. und
18. Jahrhundert, gingen die Provinzialgesetze auf die sehr wichtige Frage
näher ein. Vgl. Schwappach, S. 614; Riccius, Jagtgerechtigkeit (1772),
„indem auch das Wildpret und Vogelwerk gar bald zu Grunde gehen
würde", S. 398 flg.; Weimar (1646), Kursachsen (1712), Herzogtum Magde=
burg (1713), Mittel=, Alt=, Neu=, Uckermark (1720), Herrschaft Pinneberg
und Grafschaft Rantzau (1737), Kurmainz (1744), Schlesien und Grafschaft
Glatz (1750), Grafschaft Bentheim (1765) u. s. w. — Meist waren Aus=
nahmen für die Zubereitung der Tafel (Festtagshasen zu Ostern, Pfingsten),
zu Hochzeiten, Kindtaufen, Trauerbegängnissen gestattet (Riccius S. 414 flg.).

Das Allg. Landrecht von 1794 brachte in II, 16 die „genaue Beobachtung" der
„Setz=, Schon= und Hegezeit" in Erinnerung (§ 45), ließ die Provinzialgesetze unbe=
rührt (§ 46), verwies für die unmittelbaren landesherrlichen Jagdreviere auf die Festsetzung
der „Landespolizei=Instanz" hin (§ 47), gab aber einige ergänzende Vorschriften (§ 48 flg.):

1. Schonzeit sollten haben:

a) Alte und tragende rote Tiere vom 1. November bis 24. August (§ 49).

b) Haselhähne vom 1. Mai, Auerhähne vom 1. Juni, Birkhähne vom 16. Juni (§ 52).

c) Wilde Enten und Gänse, Schnepfen und andere Zugvögel vom 1. Mai bis
24. Juni (§ 53).

d) Schießen junger Hasen und Einfangen junger Schwäne vom 1. März bis
20. Juni verboten (§ 54).

e) „Im Mangel anderer Bestimmung allgemeine Schonzeit" vom 1. März bis
24. August (§ 49).

2. In Wäldern, wo Hochwild steht, ist das Jagen mit starken Netzen und Jagd=
hunden nur vom 24. August bis 31. Oktober zulässig (§ 50).

3. Hirsche, Rehböcke, hauende Schweine oder Keiler, Erpel oder Entriche zu
schießen, ist das ganze Jahr erlaubt (§ 51); desgl. Bären, Wölfe und andere schädliche
Raubtiere (§ 55).

4. Eier von jagdbarem Federwild dürfen niemals ausgenommen werden (§ 57).

Diese Bestimmungen wurden durch einige Instruktionen und Verordnungen ab=
geändert:

1. 21. April 1817: Schonzeit der Hirsche vom 1. Oktober bis 30. Juni, männliche
Schmaltiere und Rehböcke vom 1. Januar bis 30. Juni, alte weibliche Schmaltiere und
Rehe das ganze Jahr (ausgenommen September und Oktober mit Erlaubnis des Oberförsters).

2. 21. April und 8. August 1817: Schonzeit der Hasen und Rebhühner vom
1. Februar bis 31. August.

3. 19. November 1819: Wilde Schweine dürfen jederzeit gejagt werden; im Falle
der Hege sind polizeiliche Jagden, wenn nötig, gestattet.

Durch Instruktion vom 23. Oktober 1817 wurde der Provinzialregierung als
Landespolizeibehörde die Macht verliehen, in landesherrlichen, sowie in Privatrevieren
Vorschriften über die Dauer der Jagdzeit zu erlassen. Die Regierung zu Merseburg
gestattete hierauf wiederholt die niedere Jagd erst nach dem 15. September.

Ein Allerhöchster Befehl vom 18. November 1841 bestätigte die von den Regie=
rungen erlassenen Bestimmungen über Eröffnung und Schluß der niederen Jagd und
gestattete von neuem Abänderung bezw. Festsetzung mit Rücksicht auf „Feldkultur und
Jagdpflege"; zu dem Zwecke sollte jährlich 4 Wochen vor dem gewöhnlichen Termine der
Eröffnung und des Schlusses ein von den Kreisständen zu wählendes Mitglied der
Kreisversammlung der Regierung ein Gutachten über den jedesmal festzusetzenden Ter=
min einreichen. (Justiz=Min.=Blatt 1842, S. 79).

Einheitliche Geldstrafen setzten die Verordnung vom 9. Dezember
1842 und das Publikandum vom 7. März 1843 auf das Töten und Ein=
fangen bestimmter Wildarten während der gesetzlichen Schonzeiten für den
ganzen Umfang des damaligen Preußischen Staats. Hinsichtlich der Schon=
zeiten selbst blieb es bei der provinzialrechtlichen buntesten Mannigfaltigkeit.
Das Gesetz vom 31. Oktober 1848 beseitigte die Schonzeiten, das Jagdpol.=
Ges. vom 7. März 1850 setzte in § 18 die alten Schongesetze, namentlich
auch die Gesetze von 1842 und 1843 wieder in Kraft. Auch nach 1850
bestand deshalb die größte Mannigfaltigkeit. Diese wurde durch Erwerb
der neuen Landesteile 1866 noch größer.

Das Gesetz vom 26. Februar 1870 schuf einheitliches Recht für ganz
Preußen mit alleiniger Ausnahme von Hohenzollern und beseitigte die „un=
erträgliche Unsicherheit" (Fürst zu Dohna=Schlobitten im H.=H.) Dies
Gesetz beseitigte in § 8 alle ihm „entgegenstehenden Gesetze und Verord=
nungen". Es ist nur hinsichtlich des Elchwildes (13. August 1897) ab=
geändert und hinsichtlich des schottischen Moorhuhns (15. April 1904) er=
gänzt worden. Das Gesetz vom 26. Februar 1870 bedrohte nicht blos das
Töten und Einfangen jagdbarer Tiere während der Schonzeit mit Strafe,
es beschränkte auch das Ausnehmen der Eier und Jungen von jagdbarem
Federwilde, es regelte endlich den Transport und Handel aus sicherheits=
polizeilichen Gründen.

Der Entw. einer Jagdordnung von 1883 enthielt in §§ 53 flg. Schon=
vorschriften. Vgl. Grunert, Jagdgesetzgeb. S. 55 flg.[1] Bekanntlich kam

---

[1] Der Entw. einer J.=O. von 1868 enthielt mit Rücksicht auf den beabsichtigten
Erlaß eines besonderen W.=Sch.=G. keine Vorschriften über Schonung. Vgl. Grunert, S. 42.

die Jagdordnung aber nicht zustande. Ende Januar 1904 legte die Re=
gierung dem Landtage den Entwurf eines neuen W.=Sch.=G. vor. Nach
der Begründung dieses Entwurfs kam es hauptsächlich an auf: 1. bessere
Bestimmung der Schonzeiten einzelner Wildgattungen; 2. einheitliche Fest=
stellung der Jagdbarkeit der Tiere (und namentlich Beseitigung der in dieser
Hinsicht bestehenden Rechtsunsicherheit); 3. Neuregelung der Vorschriften
über Wildhandel (um der um sich greifenden Wilddieberei mit größerem
Erfolge entgegenzutreten); 4. Ergänzung des Reichsvogelschutzgesetzes be=
züglich der dem jagdbaren Wilde schädlichen nichtjagdbaren Vögel. In der
Komm. des H.=H. wurde noch das Bedürfnis der Beseitigung der Unklar=
heiten über Zulässigkeit der zur Wildlegitimationskontrolle notwendigen
Polizeiverordnungen und einiger redaktioneller Unklarheiten des Gesetzes
von 1870 hervorgehoben. (Bericht der Komm. Nr. 44 S. 2.)

An den Beratungen im Landtage haben seitens der Regierung 2 Ver=
treter des Ministeriums des Innern, 1 Vertreter des Justizministeriums
(Geheimrat Frenken), namentlich aber der Minister für Landwirtschaft v. Pod=
bielski, der Oberlandforstmeister Wesener, Geheimrat Engelhard und
Forstrat Danckelmann teilgenommen.

Das H.=H. überwies den Entwurf nach kurzer Generaldiskussion, an
welcher Graf v. Mirbach, Fürst zu Stolberg=Wernigerode, Frentzel,
v. Rhaden[1]) teilnahmen, an eine Komm. von 18 Mitgliedern[2]). Die
Verhandlungen dieser Komm. waren, wie der Fürst zu Dohna=Schlo=
bitten in seinem mündlichen Berichte bemerkte, in der Hauptsache „darauf
gerichtet: daß der Reichtum unseres Waldes auch mit im Wilde liegt und
daß er vom national=ökonomischen Standpunkt aus geschützt werden muß.
Auch für den kleinen Landwirt und für die Gemeinden auf die Erhaltung

---

[1]) Graf v. Mirbach erklärte in Übereinstimmung mit seinen politischen Freunden,
die Vorlage sei als eine wesentliche Verbesserung der gesetzlichen Bestimmungen anzusehen:
sie berücksichtige einmal die Schonung des Wildes, nicht nur durch absolute Schonung, sondern
auch mittels Zulassung der Möglichkeit einer waidmännischen Behandlung des Wild=
standes durch rationellen Abschuß, sodann berücksichtige sie das Interesse des konsumie=
renden Publikums. Diesem Lobe schloß sich der Fürst zu Stolberg=Wernigerode
unter näherer Begründung in längerer Rede, sodann auch v. Rhaden an. (Sitzung
vom 12. Februar 1904, S. 65 flg.) Der Minister v. Podbielski bezeugte im H.=H.
unter Beifall des Hauses, der Entw. sei auch „weit über das Haus hinaus in der Öffent=
lichkeit freudig begrüßt worden". (Sitzung vom 4. März, S. 115.)

[2]) Herzog von Ratibor (Vorsitzender), Fürst zu Carolath=Beuthen, Graf
v. Kospoth, Frhr. Lucius, v. Metzler, Schlutow, Popelius, Graf von Arnim=B., Fürst
zu Dohna=Schlobitten, Graf zu Eulenburg=Prassen, v. Klitzing, Graf v. Mirbach, Fürst
zu Salm=Horstmar, Herzog Ernst Günther zu Schl.=H., Graf v. d. Schulenburg=L.,
Graf v. Seherr=Thoß=Dobrau, Graf v. Spee, Fürst zu Stolberg=Wernigerode, Popelius.
(Verhandlung S. 67, Bericht S. 8), also „Träger erster Namen Preußens, Großwald=
besitzer, bewährte hirschgerechte Jäger". (Wentrop im H. d. Abg. 13. Juni 1904,
S. 5861.)

eines guten Wildstandes ist er von hohem Wert. Die enormen Pachten, die beinahe durch die ganze Mark für die Jagd gezahlt werden, geben auch dem kleineren Besitzer einen guten Ertrag; beinahe ebenso verhält es sich in der Provinz, in der Nähe aller größeren Städte".

Das H. d. Abg. überwies den Entw. an eine Komm. von 21 Mitgliedern (7. Mai, S. 5043)[1].

Der Entwurf ist mit einigen Abänderungen und Ergänzungen Gesetz geworden: am 14. Juli 1904 Allerhöchst vollzogen, am 13. August 1904[2] in Kraft getreten.

Die Regelung der Wildschonung sowie der damit engverbundenen Frage der Jagdbarkeit der Tiere durch ein preußisches Landesgesetz war unbedenklich, da das ganze Jagdzivilrecht, abgesehen von den beiden hier nicht in Frage stehenden Ausnahmen (Eigentumserwerb und Wildschaden) durch Art. 69 des Einf.-Ges. z. Bürg. Gesetzb., die strafrechtliche Erledigung durch Art. 2 des Einf.-Ges. z. Strafgesetzb. der Landesgesetzgebung überlassen ist.

Das neue Gesetz hat fast überall großen Beifall gefunden.[3]

Das Gesetz gilt für den ganzen Preuß. Staat, mit Ausnahme von Hohenzollern. Für die letzteren Lande bleibt es bei dem erst kürzlich

---

[1] Auch im H. d. Abg. wurde der Entw. mit Beifall begrüßt. Der Abg. Seydel sprach die Hoffnung aus, daß der Wildreichtum sich mehren und dies neue Gesetz in nationalwirtschaftlicher Hinsicht wohltätig wirken werde. (7. Mai, S. 5032.) Vgl. auch die Rede des Abg. v. Savigny (S. 5037) und Frhr. v. Wolff-Metternich (S. 5886).

Einen abweichenden Standpunkt nahm der Abg. Werner ein (7. Mai, S. 5032): das Gesetz schädige die Landwirtschaft, den notleidenden Mittelstand, durch die längeren Schonzeiten, durch größeren Wildstand würden viele Menschen zum Wildern verleitet; ähnlich Abg. Hubrich (13. Juni, S. 5870): besonders ungünstig lägen die Verhältnisse in Oberschlesien, da seien die großen Latifundien mit den großen Waldungen, das Wild halte sich tagsüber im Walde, nachts trete es auf die Felder der kleinen Bauern zur Äsung; beginne die Schußzeit, dann würde während des Tages von den Förstern des Großgrundbesitzers mit Hilfe von Arbeitern ein förmlicher Schutzwall gebildet, um das Wild zu verhindern, auf die Felder zu treten und so dem Gemeindejagdpächter das Schießen auf dem Anstand unmöglich zu machen; nach eingetretener Dunkelheit, wenn das Schießen unmöglich geworden sei, ziehe sich der Schutzkordon zurück und das Wild könne nun ungehindert auf die Felder austreten, um das Getreide der Bauern zu „brandschatzen". Hubrich erwartete aber, obwohl Minister von Podbielski „die Berechtigung seiner Klagen nach mancher Richtung hin anerkannte", nicht die Ablehnung des Gesetzentwurfs und beschränkte sich schließlich auf die an die Großgrundbesitzer gerichtete Bitte um Beseitigung der Übelstände durch Einzäunung ihrer Waldungen. Darin stimmte ihm Abg. Fischbeck (S. 5905) zu.

[2] Gemäß dem preuß. Ges. vom 16. Februar 1874: wenn das Gesetz selbst den Tag nicht bestimmt, „mit dem 14. Tage nach dem Ablaufe desjenigen Tages, an welchem das betreffende Stück der Gesetzsammlung in Berlin ausgegeben worden ist"; im vorliegenden Falle 30. Juli 1904.

[3] Vgl. Delius, Dtsch. Jur.-Ztg., 1904 S. 972.

erlassenen Gesetze vom 10. März 1902.[1]) Für Helgoland sind nur einige
Bestimmungen, z. B. Schonzeit der Schnepfen und Drosseln, praktisch. —
Das Gesetz gilt, von Hohenzollern abgesehen, im ganzen Staatsgebiete, auch
in den Frei= und Bürgerjagdbezirken in Hannover (§ 12 J.=O.), für die
Freijagd in Ostfriesland (§ 13 J.=O.), auf öffentlichen Wegen und Ge=
wässern, auch auf dem Wattenmeere, d. h. „dem zwischen Festland und den
vorgelagerten Nordsee=Inseln befindlichen Teilen der Nordsee, die bei tiefer
Ebbe teilweise trocken gelegt werden." (Stelling zu § 1, Anm. 1, I S. 317.)

§ 1.

Jagdbarkeit.

I. Mit besonderer Freude ist die zweifelsfreie Entscheidung in § 1 des
Gesetzes über die Jagdbarkeit der Tiere[2]) zu begrüßen.

1. Bisher war das Landesrecht maßgebend. Das A. L.=R. überließ
die Entscheidung dem Provinzialrechte (Gesetz, Gewohnheitsrecht); zahlreiche
ältere Gesetze, besonders Forst= und Jagdordnungen[3]) aus dem 17. und
18. Jahrhundert waren maßgebend; das Allg. Landrecht selbst gab nur ergän=
zende Bestimmung für den Fall einer fehlenden Entscheidung des Provinzialrechts.
Auch im Gebiete des gemeinen und französischen Rechts waren die Partikularrechte
maßgebend; eine ergänzende Bestimmung, wie im L.=R., fehlte. Nach Gesetzes=
kraft des W.=Sch.=G. vom 26. Febr. 1870 wurde fast allseitig, auch vom
Reichsgericht in Straff. Bd. 8, S. 71, die Jagdbarkeit der im W.=Sch.=G.
mit Schonzeit bedachten Tiere angenommen; ausgenommen war allein das
in § 1 Nr. 10 erwähnte „Sumpf= und Wassergeflügel", soweit seine Jagd=
barkeit nicht schon früher bestimmt war (Vgl. in dieser Zeitschr. Bd. 30,
S. 612; Dalcke, S. 103); doch war dies streitig. Auch im übrigen bestanden
viele Zweifel. So wurde es längere Zeit für zweifelhaft gehalten, ob ein
im Provinzialgesetz unter den jagdbaren Tieren nicht erwähntes Tier auf
Grund der ergänzenden Bestimmung des A. L.=R. für jagdbar zu halten
sei, z. B. der Krammetsvogel; schließlich wurde von der herrschenden

---

[1]) Die Abweichungen dürften mit Rücksicht auf die getrennte Lage Hohen=
zollerns und die dortigen besonderen Verhältnisse erträglich sein (vgl. Begr., S. 9).
Im Folgenden werden die wichtigsten Abweichungen angeführt werden. — Wenn Bauer,
3. Aufl., S. 176 Anm. 2, auch Helgoland vom Geltungsgebiete des neuen Gesetzes aus=
nimmt, so beruht dies offenbar auf einem Schreibfehler.

[2]) Die jagdbaren Tiere werden häufig schlechthin „Wild" genannt, so in früheren
Gesetzen, z. B. § 7 des W.=Sch.=G. von 1870, § 17 des J.=L. f. Hohenz., noch be=
stimmter z. B. in Art. 7 des Großh. Hess. Ges. von 19. Juli 1858. Vgl. §§ 9, 10, 15
des neuen W.=Sch.=G.

[3]) Nach der Begr. S. 9 waren es „einige 60". — Vgl. die Zusammenstellungen
bei Dalcke, S. 105 bis 127, Schultz und v. Scherr=Thoß. Die Jagd, S. 7 bis 20.

Meinung die Verneinung der Frage mit Recht angenommen, weil die Auf=
zählung im Provinzialgesetze für erschöpfend zu halten sei, das Gesetz also
bezüglich der nicht aufgezählten Tiere stillschweigend die Nichtjagdbarkeit
bestimme. (Entsch. des Reichsgerichts in Straff. B. 5, S. 85; Schulz und
von Seherr=Thoß S. 7, Anm. 1.) Wie groß die Rechtsunsicherheit war,
zeigen zahlreiche Entscheidungen der Gerichte, namentlich des Kammergerichts,
z. B. über die Jagdbarkeit des Krammetsvogels im ehemaligen Herzogtum
Arenberg=Meppen (Johow, Jahrb. Bd. 19, S. 277, fast 6 Druckseiten!), des
Krammetsvogels in der Provinz Hannover (Bd. 18, S. 287), des schwarzen
Wasserhuhns in der Mark Brandenburg (Bd. 25 C S. 82).

Soweit das Gewohnheitsrecht maßgebend war, traten noch be=
sondere Zweifel hervor, worauf der Fürst zu Stolberg=Wernigerode
bei der Generaldiskussion im H.=H. (S. 66) treffend hinwies.

2. Den ersten Versuch der einheitlichen gesetzlichen Festsetzung der Jagd=
barkeit machte die Komm. des H. d. Abg., als sie sich im Winter 1883/84
mit dem Entw. einer Jagdordnung beschäftigte. Die Komm. hielt die Ent=
scheidung über die Jagdbarkeit durch eine allgemeine Begriffsbestimmung
für unmöglich und zählte nach Vorbild anderer Staaten, z. B. Mecklenburg[1]),
Oldenburg[2]), Bremen[3]) die Tiergattungen einzeln auf. Das Haus nahm den
von der Komm. „unter Zuziehung von Forstzoologen und anerkannten Jägern
abgefaßten Paragraphen“ an. Bekanntlich ist der damalige Versuch, eine
Jagdordnung zu Stande zu bringen, mißglückt.[4]) Der Entwurf des neuen
W.=Sch.=G. übernahm in § 1 jenen vom H. d. Abg. angenommenen § mit
nur geringen Abänderungen.

3. Der § 1 des Entw. ist mit wenigen Abweichungen Gesetz geworden.
Man ist davon ausgegangen, daß als jagdbar zu gelten hätten die wilden
Tiere, an deren Erhaltung wegen ihrer Nutzungen[5]) (Fleisch, Gehörn,
Balg, Eier) ein öffentliches Interesse besteht, und die deshalb nicht
der beliebigen Vernichtung preisgegeben werden dürfen. Die Komm. des

---

[1]) Meckl. V. v. 14. Januar 1871, § 1.

[2]) Oldenburg Herzogtum: Ges. v. 31. März 1870, Art. 2, Fürstentum Lübeck Ges. v.
8. Febr. 1888, Art. 2, Birkenfeld Ges. v. 20. Januar 1873, Art 3.

[3]) Bremen: Jagd=Ordn. v. 27. Sept. 1889, § 29.

[4]) Der Entw. scheiterte hauptsächlich an der Frage des Wildschadens (Minister
v. Podbielski im H.=H., 4. März, S. 115).

[5]) Daraus folgt aber nicht, daß das einzelne Tier nutzbar sein müsse (Reichs=
gericht, Rsprech. B. 4, S. 713); jagdbar sind also namentlich auch die noch hilflosen
Jungen des jagdbaren Wildes (Olshausen, Komm. z. St.=G.=B. zu § 292 Anm. 6); folg=
lich darf der Nichtjagdausübungsberechtigte auch nicht z. B. ein schwerkrankes und
wegen der Krankheit nicht nutzbares Tier aus Mitleid töten. (Ob der Jagdaus=
übungsberechtigte es während der Schonzeit töten darf, ist eine andere Frage;
davon unten § 7, III.)

H. der Abg.[1]) hat noch Ottern[2]) und Adler (Schlangen= und Schreiadler; trotz ihrer Schädlichkeit auch Stein=, See= und Fischadler)[3]) mit Rücksicht auf die Seltenheit und das Bedürfnis der Erhaltung einer in ihrem Forstbestande gefährdeten Tierart in das Verzeichnis aufgenommen (aber ohne Gewährung einer Schonzeit).

4. Das neue Gesetz erklärt für jagdbar:

a) Elch=, Rot=, Dam=, Reh= und Schwarzwild, Hasen, Biber, Ottern, Dachse, Füchse, wilde Katzen[4]), Edelmarder.

b) Auer=, Birk= und Haselwild, Schnee=, Reb= und schottische Moorhühner, Wachteln[5]), Fasanen, wilde Tauben, Drosseln (Krammetsvögel), Schnepfen, Trappen, Brachvögel, Wachtel=könige, Kraniche, Adler (Stein=, See=, Fisch=, Schlangen=, Schreiadler), wilde Schwäne, wilde Gänse, wilde Enten, alle anderen Sumpf= und Wasservögel mit Ausnahme der grauen Reiher, der Störche, der Taucher, der Säger, der Kormorane und der Bleßhühner.

II. Im einzelnen ist hier noch folgendes zu sagen:

1. Vom Haarwilde waren schon vor dem neuen W.=Sch.=G. überall jagdbar Elch=, Rot=, Dam=, Rehwild, Hasen, Dachse, auch das Schwarzwild, fast überall die Füchse und Baum= oder Edelmarder, vielfach auch die wilden Katzen; in ihrem gegenwärtigen Verbreitungsgebiete (Elbe mit ihren Nebenflüssen nebst todten Armen)[6]) auch die Biber.

Jagdbar waren bisher fast überall auch die Stein= (Haus=) marder. Das neue Gesetz schließt sie als „gefährliche Raubtiere" (Begr., S. 12)

---

[1]) Obwohl die Fischottern zu den „gefährlichen Raubtieren" gehören (Begr. S. 12). Der Abg. Willebrand beantragte deshalb auch Verneinung der Jagdbarkeit. 13. Juni, S. 5866, indes ohne Erfolg, S. 5873 (gegen ihn war nur eine ganz geringe Mehrheit). Die Ottern waren schon früher jagdbar in den größten Teilen von Branden=burg, Pommern, Sachsen, Westfalen, Hessen=Nassau, Schleswig=Holstein, Hannover und in einem Teile der Rheinprovinz, vgl. Schultz=Scherr=Thoß, S. 19 zu 3.

[2]) Umgekehrt hat in Mecklenburg die Verordn. v. 14. 2. 1894 die Ottern aus der Zahl der jagdbaren Tiere gestrichen. (Vgl. v. Buchka, Landesprivatrecht in Meckl. 1905, S. 108, Anm. 12).

[3]) Die Adler waren schon jagdbar im vormal. Herzogt. Nassau, vgl. Schultz=Scherr=Thoß, S. 15, und zwar sollen sie nach dem Herkommen im Hochstift Fulda zur hohen Jagd gehört haben (Dalcke, S. 123, Abs. 1). Nach § 149 der Allg. Forst= und Jagdordn. f. Schleswig und Holstein u. s. w. vom 2. Juli 1784 sollten die Adler und andere Raubvögel möglichst vertilgt werden.

[4]) Nicht aber verwilderte Katzen.

[5]) Der Abg. Geisler (7. Mai, S. 5042) erklärte sich gegen die Jagdbarkeit der Wachtel, weil sie keinen hohen Wert als Nahrungsmittel habe, dagegen dem Landwirte, durch Vertilgen von unzähligen Massen Unkrautsamen, großen Nutzen bringe und ihn durch ihren Schlag erfreue.

[6]) Danckelmann=Engelhard zu § 1, Anm. 6.

aus[1]). Nicht jagdbar sind in Zukunft auch die wilden Kaninchen, die seit dem Wildschadengesetze vom 11. Juli 1891 nur noch in Hannover und ehemal. Kurhessen als jagdbare Tiere in Betracht kamen.[2]) Nicht jagdbar sind Bär, Wolf, Luchs, Seehund, Igel, Iltis, Frettchen, Wiesel, Hermelin, Nerz, Eichhörnchen[3]).

2. Vom Federwilde sind jetzt auch allgemein die Drosseln[4]) für jagd=bar[5]) erklärt. Die Ansichten über Bejahung oder Verneinung der Jagd=barkeit waren verschieden. Die zur Beratung des Entwurfs einer Jagd=ordnung 1883/84 vom H. der Abg. eingesetzte Komm. bejahte, im Plenum wurde ein verneinender Antrag abgelehnt (Begr. z. W.=Sch.=G., S. 12, Abs. 4); jetzt ist die Frage bejaht, „weil dann die Erhaltung dieser Tierart im Wege der Jagdgesetzgebung geregelt werden kann, ohne daß der Fang, welcher für viele Personen eine nicht unerhebliche Einnahme darbietet, ganz verhindert wird". (Begr., S. 13, Abs. 1.)

Jagdbar sind von den Tauben nur die wilden. Zahme Tauben stehen entweder im Eigentum einer bestimmten Person oder sie sind herren=los bezw. werden, weil von einem Unberechtigten gehalten, als herrenlos behandelt und unterliegen dem jedermann zustehenden Aneignungsrechte. Vgl. Dickel, Bürgerl. R. f. Forstmänner, S. 492 flg., Bauer, S. 10, Anm. 13. — Daselbst auch über Militärbrieftauben.

Zu den Schnepfen gehören nach Danckelmann=Engelhard außer der Waldschnepfe (Scolopax rusticola) auch die 3 Sumpfschnepfenarten:

---

[1]) Unrichtig Bauer, S. 9, Anm. 9.

[2]) In anderen Staaten noch jagdbar, z. B. in Mecklenburg (v. Buchka a. a. O. S. 108 zu V).

[3]) Die nichtjagdbaren Tiere unterliegen dem freien Aneignungsrechte. Selbst=verständlich ist die Ausübung des letzteren nur im Rahmen der allgemeinen und be=sonderen Gesetze und der im Rahmen der Gesetze erlassenen Polizeiverordnungen zulässig. Unzulässig ist deshalb z. B. in der Regel die Verfolgung der Kaninchen im fremden Jagdrevier mit Schießgewehr außerhalb der öffentlichen, zum gemeinen Gebrauche be=stimmten Wege (§ 368 Nr. 10 St.=G.=B.). Das neue Wildschongesetz verbietet das Auf=stellen von Schlingen, in denen sich Kaninchen fangen können und stellt die Übertretung dieses Verbots, wenn ein Stück Schonwild gefangen wird, unter die Strafe des Fanges des betreffenden Wildes, andernfalls unter Geldstrafe bis 150 Mk. (§ 15, Abs. 1, Nr. 2), verlangt auch die Einziehung der Schlingen (§ 15, Abs. 3).

[4]) Sowohl die bei uns brütenden (Mistel=, Sing=, Schwarzdrosseln) als auch die durchziehenden (Wein=, Wachholder=, Ziemer=, Ringdrosseln). Danckelmann=Engel=hard zu § 1, Anm. 10.

[5]) Bisher nicht jagdbar in Schleswig=Holstein (ausgen. Lauenburg), Herzogtum Arenberg=Meppen, in einzelnen Teilen von Hessen=Nassau und der Rheinprovinz. Vgl. Schultz= v. Scherr=Thoß, S. 26. In einigen Gegenden war die Jagdbarkeit bestritten. Wo im Gebiete des A.=L.=R. das Provinzialrecht nicht die jagdbaren Tiere unter Nicht=erwähnung des Krammetsvogels aufzählte (vgl. oben § 1, I, 1.) war der Krammetsvogel jagdbar, da er zur Speise gebraucht wird, § 31 II, 16.

Pfuhlschnepfe (Scolopax major), die gemeine Bekassine (Scolopax gallinago) und die kleine Bekassine (Scolopax gallinula).

Die Kiebitze gehören zu den Sumpfvögeln und sind also, da sie in § 1 zu b nicht ausgenommen sind, jagdbar. Im Hause der Abg. stellte der Abg. Meyer-Diepholz den Antrag auf Verneinung der Jagdbarkeit, „um einschneidende Eingriffe in die Erwerbsverhältnisse einiger Gegenden zu hindern". Vgl. Bauer, Anm. 22. Die Verhandlungen über den Kiebitz führten zur Aufnahme des jetzigen Abs. 3 des § 19 (vgl. unten § 9 zu III).

Den Kiebitzen und Möwen sollte dadurch, daß sie für jagdbar erklärt wurden, wegen des Nutzens für die Landwirtschaft Schutz gegen Ausrottung gegeben werden (Anweis. zu § 5, Abs. 2).

„Brachvogel" ist (nach dem Standpunkte der Komm. des H. d. Abg., vgl. Bericht, S. 2) im weiteren Sinne zu nehmen (Oedicnemus-, Numenius- und Charadriusarten). Sie gehören zoologisch zu den Sumpf- und Wasservögeln (Danckelmann-Engelhard zu § 1, Anm. 13). Dazu gehören auch Strandläufer und Seeschwalben (a. a. O. zu § 5, Anm. 6). Unter Wachtelkönig ist das Wiesensumpfhuhn (Crex pratensis) zu verstehen (a. a. O., Note 14).

Der Entw. wollte alle Reiher („eigentliche Reiher, Nachtreiher, Rohrdommeln") von dem jagdbaren Sumpf- und Wassergeflügel ausnehmen; die Komm. d. H. d. Abg. veranlaßte die Beschränkung der Ausnahme auf den grauen Reiher (Ardea cinerea), einerseits da die Nachtreiher in Deutschland doch nicht brüteten und nur als Irrlinge vorkämen, andererseits die Rohrdommeln für die Fischerei indifferent seien und immer seltener würden, so daß es zweckmäßig sei, sie für jagdbar zu erklären (Bericht, S. 2 am Ende).

Der Entw. nannte unter den bei dem Sumpf- und Wassergeflügel gemachten Ausnahmen auch den Eisvogel; die Komm. d. H. d. Abg. strich ihn als gar nicht zu den Sumpf- und Wasservögeln gehörig (es blieb aber also bei Verneinung der Jagdbarkeit). Der Entw. nannte als Ausn. bei Sumpf- und Wassergeflügel auch alle Wasserhühner (Rohr- und Bleßhühner); die Komm. d. H. d. Abg. beschränkte die Ausn. auf das Bleßhuhn (Fulica atra), da nur dieses für die Fischerei in Betracht komme, während die kleinen Gallinula- und Crexarten unschädlich seien (Bericht S. 3, Abs. 1).

Zu den „anderen jagdbaren Sumpf- und Wasservögeln" gehören nach Danckelmann-Engelhard, Anm. 18: Das Teichhuhn (Gallinula chloropus), das gesprenkelte Sumpfhuhn (Crex porzana), das kleine Sumpfhuhn (Crex minuta), die Wasserralle (Rallus aquaticus), der Morinellregenpfeifer (Charadrius morinellus), der Sandregenpfeifer (Charadrius hiaticula), der Flußregenpfeifer (Charadrius fluviatilis), der Kiebitzregenpfeifer (Charadrius squatarola), der Kiebitz (Vanellus cristatus), der Austernfischer (Haematopus ostralegus), die Strandläufer (und zwar Tringa islandica, maritima, subarcuata, cinclus oder variabilis, minuta), der Kampfhahn (Machetes pugnax), die Wasserläufer und zwar (Totanus ochropus, glareola, calidris, fuscus, glottis), die Uferschnepfen (und zwar Limosa melanura und rufa), der Säbelschnäbler (Recurvirostra avocetta), die Rohrdommeln (und zwar Ardea stellaris und minuta), der Nachtreiher (Ardea nycticorax), die möwenartigen Vögel und zwar die Seeschwalben (Sterna hirundo und minuta), die eigentlichen Möwen (Larus ridibundus, tridactylus, canus, argentatus, marinus), die Raubmöwen (Lestris). — Hinsichtlich der Möwen geht das W.=Sch.=G. weiter als das R.=V.=Sch.=G., das nur die im Binnenlande brütenden unter seinen Schutz stellte (§ 8 zu c, 12). — Die Jagdbarkeit der Möwen, Kiebitze, Strandvögel, Seeschwalben ist von besonderer Bedeutung für das Recht, die Eier dieser Vögel zu sammeln. Nach § 1, Abf. 3 R.=V.=Sch=G findet das Verbot dieses Gesetzes, Eier der Vögel auszunehmen, feilzubieten, zu verkaufen, auf die soeben genannten 4 Vogelarten keine Anwendung, Landesgesetz aber oder landespolizeiliche Anordnung kann das Einsammeln der Eier dieser 4 Vogelarten für bestimmte Orte oder bestimmte Zeiten untersagen; vgl. unten § 4 zu V betr. Kiebitz und Möwe; für die Eier der Strandvögel und Seeschwalben gilt nun ein allgemeines Verbot.

Herr Professor Heymons zu Münden i. H. hat mir auf meine Anfrage freundlichst folgende Auskunft erteilt: ·

„Der im Wildschongesetz gebrauchte Ausdruck „Wasservögel" deckt sich mit dem zoologischen Terminus technicus Natatores = Schwimmvögel. Zu den letzteren stellt man herkömmlich:

1. Lamellirostria z. B. Enten, Gänse, Schwäne, Säger;
2. Steganopodes z. B. Kormorane, Möwen, Pelikane;
3. Longipennes z. B. Sturmvögel, Möwen, Seeschwalben;
4. Impennes z. B. Eistaucher, Steißfüße, Flügeltaucher.

Die ausländischen Vertreter sind hier nicht genannt worden.

Der im Gesetz verwendete Ausdruck „Sumpfvögel" deckt sich mit dem Terminus technicus Grallatores.

Zu dieser umfangreichen Gruppe gehören besonders Schnepfen (Brachvögel, Strandläufer), Regenpfeifer, Trappen, Rallen, Kraniche, Störche, Reiher.

Zu Beantwortung der gestellten Fragen ergibt sich also:

1. daß alle im Kommentar von Danckelmann und Engelhard, S. 44, Anm. 18, genannten Vögel zu den Sumpfvögeln oder Wasservögeln gehören,

2. daß auch die Flügeltaucher (Alke, Larventaucher, Lummen) Wasservögel sind.

Eine vollständige Liste aller im Gesetz nicht genannten Wasser= und Sumpfvögel würde ziemlich weit führen, weil viele derartige Vögel entweder nur selten in Deutschland und an den deutschen Küsten erscheinen oder sie nur zufällig als Irrgäste, durch Stürme verschlagen, in Deutschland gelegentlich angetroffen werden.

Die wichtigsten Sumpfvögel und die wichtigen Hauptabteilungen der Wasservögel sind oben genannt.

Unter den Sumpfvögeln sind als unwichtigere oder seltenere Formen nicht genannt worden: Tringa temmincki = Temmincks=Strandläufer, Calidris arenaria = Sonderling, Limicola pygmaea = Sumpfläufer, Totanus hypoleucus = Flußuferläufer, Totanus stagnatilis = Teichwasserläufer, Phalaropus platyrhynchus und augustirostris = Wassertreter, Charadrius cantianus = Seeregenpfeifer, Strepsilas interpres = Steinwälzer, Ortygometra pygmaea = Zwergsumpfhuhn, ferner die nur ganz selten in Deutschland beobachteten Ibisse (Ibis falcinellus = Sichler, Platalea leucorodia = Löffelreiher).

Unter den Wasservögeln sind nicht besonders genannt worden die Sturmvögel, die natürlich aber zu den von Danckelmann=Engelhard S. 45 genannten möwenartigen Vögeln gehören und die nur selten als Irrgäste erscheinenden Pelikane und Tölpel."

Der Entw. nannte in Klammern hinter den Tauchern: Eistaucher und Haubentaucher, hinter den Sägern Sägetaucher und Tauchergänse. Die Komm. d. H. d. Abg. ließ diese „Trivialnamen" als vermutlich verwirrend fortfallen (Bericht S. 3, Abf. 1).

Alle diese Abänderungen fanden die Zustimmung des Landtags.

Nicht für jagdbar erklärt ist in Abweichung von dem Entwurfe das Steppenhuhn; es ist wieder vollständig verschwunden. (Begründ., S. 21 zu § 14). Falls es noch heimisch werden sollte, so würde gemäß § 14 Jagdbarkeit (und Schonzeit) durch Königl. Verordnung bestimmt werden dürfen. (Vgl. Bericht der Komm. d. H. d. Abg., S. 3 zu d.)

Nicht jagdbar sind *α*) gemäß namentlicher Hervorhebung des Gesetzes nur einige Sumpf= und Wasservögel: graue Reiher, Störche, Taucher, Säger, Kormorane, Bleßhühner[1]), *β*) weil nicht in die Liste des § 1 aufgenommen: Edelfalken, Bussarde, Milane, Sperber, Habichte, Weihen, Rackelwild, ferner Raben (Kolkrabe, Rabenkrähe, Nebel= und Saatkrähe), Dohlen, Elstern, Holz= und Nußheher, Würger, Eulen (Schleier=, Wald= und Steinkäuze, Uhu, Waldohreneulen), Lerchen, Stare und andere Kleinvögel. Vgl. Bauer W.=Sch.=G. zu § 1, Anm. 18, 21, 11; 3. Aufl. S. 8, Anm. 21.

3. Die Komm. d. H. d. Abg. hatte in 1. Lesung die Aufnahme der Igel und Bussarde als der Landwirtschaft nützlich unter die jagdbaren Tiere beschlossen, obwohl der Regierungsvertreter betonte, daß von diesem Standpunkt aus noch viele andere Tiere für jagdbar erklärt werden müßten; in 2. Lesung wurde dieser Standpunkt wieder verlassen, weil die Bestrafung dessen, der einen Igel tötete, wegen Jagdvergehens eine „nicht im Interesse der Jagd liegende Erbitterung der Bevölkerung zur Folge haben würde", und die Nützlichkeit der Bussarde noch in Frage stehe, während ihre Schädlichkeit feststehe, da sie jungen Hasen und Rebhühnern nachstellten. (Bericht, S. 4.)

4. Durch die Regelung der Jagdbarkeit wird an den Bestimmungen der bisherigen Jagdgesetze über Jagdrecht und Jagdausübungsrecht nichts geändert; so bleibt z. B. § 3, Abs. 2 zu 1 der Hannoverschen Jagdordnung vom 11. März 1859 aufrecht erhalten, nach welchem jedem Grundeigentümer das Recht auf Vogelfang, also namentlich auch der Krammetsvogelfang in hochhängenden Dohnen, zusteht (Begründung S. 13); so bleibt § 13 derf. Jagd=Ordnung, welcher die Befugnis zur Jagd auf Wasservögel in Ostfriesland aufrecht erhält, unverändert; so bleibt auch trotz der Aufnahme der Ottern und Fischadler unter die jagdbaren Tiere der § 45 des Fischereigesetzes vom 30. Mai 1874, mit Erweiterung durch Art. IV des Gef. v. 30. 4. 1880, unberührt, wonach es dem Fischereiberechtigten

---

[1]) Für das „vielverleumdete" Bleßhuhn sucht Seydel, Monatsh. 1904, S. 339 flg. „eine Lanze einzulegen".

gestattet ist, Fischottern, Fischare (nicht Seeadler) u. s. w. ohne Anwendung von Schußwaffen zu töten oder zu fangen und für sich zu behalten (Komm.-Ber. d. H. d. Abg., S. 3, Danckelmann-Engelhard zu § 1, Anm. 7)[1]).

Andererseits ist aber darauf hinzuweisen, daß der, welcher jagdbare Tiere zum Zwecke der Aneignung verfolgt, nach dem Jagdscheingesetze vom 31. 7. 1895 eines Jagdscheins bedarf, also auch der Grundeigentümer bei Ausübung des Dohnenfangs in Hannover; nicht jedoch kann dies im Falle des § 45 des Fischereigesetzes gelten, da hier nicht Jagdausübung im Sinne des Jagdscheingesetzes, sondern eine durch Sondergesetz erlaubte Notstandshandlung in Frage steht.

<h2 style="text-align:center">§ 2.</h2>

<h1 style="text-align:center">Schonzeiten.</h1>

A. Nach § 2 des W.-Sch.-G. sind die daselbst unter 19 Nummern aufgeführten Tierarten während der in § 2 bezeichneten Zeit „mit der Jagd zu verschonen". Der § 2 stand im Mittelpunkte der Landtagsverhandlungen. Die einzelnen Bestimmungen des Entwurfs sind in den Kommissionen und im Plenum mit größter Sorgfalt erörtert worden. In einigen Fällen ist der Landtag zu Gunsten der Schonung weiter als der Entwurf gegangen, in einigen Fällen gab das H. d. Abg. noch strengere Bestimmungen, als das H.-H. und andere Verbesserungen, was Graf Mirbach im H.-H. mit besonderem Danke anerkannte.

Die Festsetzung der Schonzeiten beruht nach den Worten der Begr. zu dem W.-Sch.-G. von 1870 (Drucks. d. H.-H., Bd. I, Nr. 6, S. 11) „auf technischer Beurteilung, auf Beachtung der Natur des Wildes, den Brunst-, Satz- und Brütezeiten, daneben aber auch auf den gebieterischen Rücksichten der Landeskultur, der Schonung der Feldfrüchte, der national-ökonomischen Verwertung des Wildprets und auf der Aufgabe, mit möglichst wenigen Kategorien die alten auseinandergehenden Vorschriften zweckmäßig zu verschmelzen und prinzipielle Verschiedenartigkeiten, soweit sie bestehen, auszugleichen"; — dies alles zur Sicherstellung der Jagd aus wirtschaftlichen, ästhetischen und ethischen Rücksichten. Davon ist man auch bei dem neuen W.-Sch.-G. ausgegangen:

Den meisten jagdbaren Tieren ist — eine längere oder kürzere — Schonzeit gewährt. Keine Schonzeit haben nach dem W.-Sch.-G.: Schwarz-

---

[1]) Dagegen sind die Fischereiberechtigten nicht befugt, Eier des Fischadlers auszunehmen, da ihnen eine solche Befugnis in § 45 des Fischereiges. nicht vorbehalten ist. (§ 368, Nr. 11 St.-G.-B., § 33 F.-F.-P.-G.). Vgl. Danckelmann-Engelhard, Anm. 16, Schultz, Anm. 23.

wild[1]), Ottern, Füchse, Wildkatzen, Edelmarder, Schneehühner[2]), wilde Tauben, Adler, Gänse[3]).

1. Hinsichtlich des männlichen Elchwildes ist es bei der alten Schonzeit (Ges. vom 13. August 1897) geblieben. Der Elch darf nur im September erlegt werden.

2. Uneingeschränkte Schonzeit haben die Elchkälber während des ganzen Jahres. Auch das weibliche Elchwild hat während des ganzen Jahres Schonzeit; gemäß § 3 aber kann der Minister für Landwirtschaft im Interesse der Landeskultur und Jagdpflege den Abschuß für die Zeit vom 16. bis 30. September gestatten.

Der Entw. wollte die Erlegung während der oben bezeichneten Zeit ohne weiteres gesetzlich gestatten, um die Tiere, welche gelt sind und deshalb für die Erhaltung der Art nicht mehr in Betracht kommen, abschießen, auch das Verhältnis der Geschlechter zu einander regeln zu dürfen (Begründ., S. 13); es wurde von der Staatsregierung darauf hingewiesen, daß sich der Elchbestand seit 1848 (damals nur 11 Stück) erheblich vermehrt habe (Komm.-Ber. d. H.-H., S. 2). Der Landtag aber befürchtete im Falle der gesetzlichen Aufhebung der Schonzeit auch nur für 14 T. ein Zurückgehen des Elchbestandes in kurzer Zeit; der Schade, den das Elchwild verursache, sei nicht so erheblich, jedenfalls würde eine Ermächtigung zu Gunsten der Staatsregierung genügen. (Von einer Seite war angeregt, die Befugnis zum Abschuß auf die Forstbeamten zu beschränken. Komm.-Ber. d. H.-H., S. 2, 4.) Diese Abweichung vom Regierungsentw. wurde in der Komm. d. H.-H. mit allen gegen 1 Stimme angenommen.

Der Minister von Podbielski bezeichnete im H.-H. in Übereinstimmung mit dem Oberlandforstmeister (in der Komm.) die absolute Schonzeit als ein Unding; seiner Ansicht nach sei die Hege und Pflege des Elchwildes nur in solchen Revieren angezeigt, die nach ihrer örtlichen Beschaffenheit die Entwicklung dieser Wildart und Verhütung der Degenerierung gewährleisteten; das Elchwild degeneriere, wie sich in verschiedenen Distrikten Rußlands zeige, von dem Momente, wo die Sümpfe zu bestehen aufhörten; dann höre die

---

[1] Für dieses Wild ist das Gesetz nicht Schongesetz, sondern Vernichtungsgesetz (Graf v. Haeseler, H.-H., S. 120). Vgl. § 14 des Wildschadensges. von 1891.

[2] Die bezüglich dieses Vogels entstandenen Bedenken sind unbegründet. Nur die in § 2 bezeichneten Tiere haben eine Schonzeit. Vgl. Braß, Monatshefte 1904, S. 258, 322, ferner Redaktion der Monatsh., S. 294 zu I.

[3] Das W.-Sch.-G. gibt nur jagdbaren Tieren Schonzeit, also nicht — im Unterschiede vom Ges. vom 26. 2. 1870, § 1, Nr. 13 — dem nichtjagdbaren Sumpf- und Wassergeflügel. Auf diese Vögel aber und die oben im Texte genannten bezieht sich das R.-V.-Sch.-G. Soweit dasselbe nicht die Vögel für vogelfrei erklärt (§ 8), erfreuen sich die nichtjagdbaren Vögel des Schutzes dieses Gesetzes und haben namentlich vom 1. März bis 15. September Schonzeit (§ 3).

Schaufelbildung auf und beginne die Stangenbildung. (Sitz. d. H.-H. 4. März, S. 115.)

3. Männliches Rot- und Damwild hatte nach bisherigem Rechte 4 Monate Schonzeit: 1. März bis 30. Juni (in Hohenz. 1. Februar bis 31. Mai). Die Komm. d. H.-H. erweiterte die Schonzeit um einen Monat, also bis 31. Juli, mit 9 von 17 Stimmen; auch das Plenum nahm diese Verlängerung an, nachdem der Minister von Podbielski sie „mit Freuden begrüßt" hatte, weil bis Ende Juli das Geweih völlig ausgereift sei (Bericht S. 3, Verh. 4. März, S. 115, 116)[1]. — Gegen diese Verlängerung wendeten sich im H. d. Abg. von Savigny (S. 5038, 5876), Wentrop (S. 5862) mit Rücksicht auf den vorhandenen Wildschaden und die dadurch entstehende politische Agitation auf dem platten Lande während der Wahl-zeiten. Der Antrag auf Wiederherstellung der Regierungsvorlage wurde in 2. Lesung abgelehnt, in 3. Lesung nochmals unter Beifall der Abgg. von Kardorff und Herold vom Abg. von Savigny eingebracht, gleich-falls abgelehnt (mit 143 gegen 119 Stimmen, S. 5954). Gegen die Gegner der Verlängerung wurde auf die gesetzlichen Bestimmungen, nach denen die Aufsichtsbehörde im Falle des Wildschadens Abschuß auch während der Schonzeit gestattet (vgl. § 23 J.-P.-G. vom 7. März 1850, § 12 Wild-schaden-Ges. vom 11. Juli 1891 und andere Bestimmungen über Erlaubnis der Erlegung des zu Schaden gehenden Wildes) hingewiesen.

4. Hinsichtlich des weibl. Rot- und Damwildes und der Kälber ist es bei der bisherigen Schonzeit vom 1. Februar bis 15. Oktober ge-blieben.[2] — Im H.-H. beantragte Graf Haeseler Ausdehnung auf Dezember und Januar, weil jene Tiere in diesen Monaten unter der Un-gunst der Witterung und Ungunst der Äsung besonders zu leiden hätten. Der Antrag wurde abgelehnt (4. März, S. 117).

5. Der Rehbock hatte bisher nur während des März und April[3] Schonzeit. Der Entw. wünschte Ausdehnung auf Januar und Februar als „unbedingt notwendig"; der Bestand sei gegenüber dem weiblichen Wilde so erheblich zurückgegangen, daß eine Gefahr für Erhaltung und Entwicklung des Rehwildes drohe; Anfang der Schonzeit mit 1. Januar sei zweckmäßig, weil dann das Gehörn durchweg abgeworfen sei und der Bock als erstrebens-werte Beute im waidmännischen Sinne nicht mehr in Betracht komme; so werde auch in Zukunft die Schonzeit des Rehbocks mit der des weiblichen Rehwildes zusammenfallen; das Rehwild sei dann durchweg in den Monaten, in denen es unter der Ungunst der Witterung leide, vor Nachstellung sicher. (Begründ., S. 13.)

---

[1] Für eine solche Verlängerung auch schon Monatsh. 1902, S. 231; Bedenken, S. 279.

[2] In Hohenz. die Tiere vom 1. Februar bis 30. September, die Kälber bis 31. Dezember.

[3] In Hohenz.: 1. Februar bis 31. Mai (gleich dem männl. Rot- und Damwild).

Ein Antrag des Grafen Haeseler auf Ausdehnung der Schonzeit auf Dezember (Begründ. wie oben zu 4; „im Dezember könne man Rehe 20 Schritt von den Wohnhäusern niederschießen") wurde vom H.=H. abgelehnt (4. März, S. 117). Dagegen wurde ein Antrag auf Erweiterung der Schonzeit bis 15. Mai vom H.=H. angenommen (schon in der Komm. mit allen gegen 1 Stimme), allerdings mit Zulassung einer Herabsetzung durch den Bezirksausschuß (§ 3 des W.=Sch.=G., vgl. unten zu C). Im Plenum des H.=H. (4. März, S. 115) und im H. d. Abg. (13. Juni, S. 5883) „begrüßte" der Minister von Podbielski diese Ausdehnung „mit Freuden" und bemerkte, daß solche namentlich auch dem kleineren Jagd= pächter zu Gute komme, da z. B. in der Rheinprovinz der Bock noch an= fangs Mai im Holze stehe[1]) und erst nachher zu Felde ziehe, um dort bis zur Ernte zu bleiben. Von anderer Seite wurde darauf aufmerksam ge= macht, daß der Bock im Mai Engerlinge habe. Sehr entschieden trat im H. d. Abg. von Savigny für Beschränkung der Schonzeit auf Ende April zum Schutze der Landwirtschaft ein (S. 5874 ff., „die Engerlinge steckten überdies in der Haut und kämen nicht in den Braten"). Es blieb bei der Verlängerung bis 15. Mai.

6. Weibliches Rehwild durfte bisher vom 16. Oktober bis 14. De= zember geschossen werden. Dem Entw. gemäß wurde die Schußzeit um $^1/_2$ Monat hinausgeschoben (1. November bis 31. Dezember), um eine sicherere Versorgung des Weihnachtsmarktes zu erreichen, worauf die Wildhändler Gewicht legten (Begründ., S. 14). Diese Verlegung fand in der Komm. d. H.=H. einstimmigen Beifall, im Plenum beantragte Graf Haeseler Ausdehnung der Schonzeit auf Dezember (also Schußzeit nur November) mit Begründ. wie oben zu 4, 5; Versorgung des Marktes dürfe kein ent= scheidender Beweggrund für ein Wildschongesetz sein. Der Antrag wurde abgelehnt (4. März, S. 117).

Rehkälber hatten nach dem Ges. v. 1870 und haben nach J.=O. f. Hohenz. uneingeschränkte Schonzeit während des ganzen Jahres. Nach dem neuen Gesetze haben sie, wie das weibliche Rehwild, vom 1. Januar bis Ende Oktober Schonzeit; der Bezirksausschuß aber kann verlängern oder auf das ganze Jahr ausdehnen (vgl. unten zu C, c.) — Der Entw. erklärte (S. 14) die Schußerlaubnis im November und Dezember für zweckmäßig, da in diesen Monaten gut entwickelte Kälber auf der Jagd von aus= gewachsenem Rehwilde schwer zu unterscheiden seien; die zahlreichen, oft schwer zu vermeidenden Verfehlungen seien nicht erwünscht. Im H.=H. be= antragte Graf Haeseler Schonzeit während des ganzen Jahres. Dagegen erklärten sich Graf von Finckenstein=Schönberg (S. 117): es handle sich vielfach um „schwaches Zeug", das „oft ein trauriges Bild böte", viele

---

[1]) Widerspruch des Grafen von Spee: Der Bock stehe schon am 1. Mai draußen (S. 5889).

gingen im Winter ein; ebenso von Klitzing, man müsse „Mitgefühl mit dem armen Viehzeug haben"; desgl. der Minister von Podbielski unter Wiederholung der Begründ. des Entw. Dagegen bemerkte Graf Haeseler: er befürchte, mancher Jäger werde anders denken, das feistere Stück dem Kümmerer vorziehen, um ein paar Silbergroschen mehr herauszuwirtschaften. Der Antrag des Grafen Haeseler aber wurde abgelehnt. Im H. d. Abg. trat von Savigny für den Standpunkt des Grafen H. ein, jedoch ohne Erfolg (S. 5042).

7. Dachse hatten nach früherem Rechte vom 1. Dezember bis 30. September[1]) Schonzeit. Der Entw. strich September und Dezember, da in Kreisen der Landwirte, Weinbergbesitzer und Jäger immer mehr über die Schädlichkeit des Dachses an Erdfrüchten, Trauben und niederem Wilde geklagt werde (S. 14). Die Komm. d. H.-H. stellte sich einstimmig auf diesen Standpunkt. Ein Antrag des Grafen Haeseler auf Ausdehnung der Schonzeit bis 30. September, da der Dachs mehr Nutzen durch Vertilgung von Ungeziefer schaffe, als sonst Nachteil bereite, es überdies nicht richtig sei, ihn z. B. im September in Brandenburg zu schießen, weil er in der Rheinprovinz den Trauben nachstelle, wurde abgelehnt, nachdem von Podbielski den Dachs als Feind der Trauben und Fasanen geschildert hatte (S. 118). In § 3 ging man zu Ungunsten des Dachses noch weiter (vgl. unten zu C, c).[2])

8. Der Biber hatte bisher keine Schonzeit, jetzt steht ihm solche gesetzlich während des ganzen Jahres, ausgenommen Oktober und November, zu. Der Bezirksausschuß kann noch verlängern oder auf das ganze Jahr ausdehnen (§ 3), vgl. unten zu C, c, um diese seltene, nur noch in einigen Gegenden an der Elbe vorkommende Tierart vor völliger Ausrottung zu bewahren (Entw., S. 14).

9. Die Schonzeit der Hasen, bisher 1. Februar bis Ende August, mit der Möglichkeit einer Verkürzung oder Verlängerung um 14 Tage, ist (dem Entw. gemäß unter allseitiger Zustimmung im Landtage) verlängert; sie beginnt schon am 16. Januar, „da meistens schon in der 2. Hälfte des Januar das Fortpflanzungsgeschäft begonnen hat", und endet erst Ende September, da früher „im September oft trächtige und säugende Häsinnen geschossen wurden"; „auch legen die Wildhändler keinen Wert darauf, Hasen im September verkaufen zu können, weil des warmen Wetters wegen Hasen-

---

[1]) In Hohenz. vom 1. Februar bis 30. September.

[2]) Gegen und für den Dachs vgl. auch Monatshefte 1900, S. 181 (Oberförster Ehlert), S. 229 ff. (A. Prillwitz u. s. w.). Gegen den Dachs Junack, Monatsh. 1903, S. 169 zu 7, da ihm „die Heuchlerlarve vom Gesicht genommen"; Junack wünschte, so auch Ahlers 1901, S. 128, ebenso wie Ehlert, vollständige Beseitigung der Schonzeit.

wildpret sich zu dieser Zeit schlecht hält und der Markt mit anderem Wilde
genügend beschickt ist" (Begründ., S. 14).[1]

10. Die Schonzeit der Auerhähne (bisher gleich der der Birk= und
Fasanenhähne vom 1. Juni bis 31. August, in Hohenz. bis 14. August)
ist unter Annahme eines Beschlusses der Komm. d. H.=H. bis Ende
November verlängert worden, damit dies seltene Wild nicht auf der Suche
geschossen werden könne (Danckelmann=Engelhard zu § 2, Anm. 11).

11. Auerhennen hatten bisher vom 1. Februar bis 31. August Schon=
zeit. Auch ihnen ist aus den zu 10 angegebenen Gründen die Schonzeit
bis 30. November verlängert. Noch weiter ist die J.=O. f. Hohenz. ge=
gangen; hier darf die Auerhenne nur im November erlegt werden.

12. Birk=, Hasel=, Fasanenhähne hatten bisher nicht die gleiche
Schonzeit; Haselhähne (wie Hennen) vom 1. Februar bis Ende August,
Birk= und Fasanenhähne vom 1. Juni bis Ende August. Der Entw. strich
die Schonzeit des Haselhahns vom 1. Februar bis Ende Mai, „um die Balz=
jagd auf ihn ausüben zu können" (Begründ., S. 14) und stellten somit den
Haselhahn dem Birk= und Fasanenhahn gleich. Dies fand den Beifall des
Landtags. Letzterer aber veranlaßte eine Verlängerung der Schonzeit bis
15. September für alle drei Arten der genannten Hähne auf Anregung der
Komm. d. H. d. Abg. (Bericht, S. 7).[2]

13. Birk=, Hasel= und Fasanenhennen haben zu der bisherigen
Schonzeit vom 1. Februar bis Ende August im Landtage eine Verlängerung
bis 15. September erhalten (wie die Hähne, vgl. zu 12). In der Komm.
d. H.=H. (Bericht, S. 3) war sogar eine Verlängerung bis Ende September
mit Rücksicht auf die Gefahr, besonders für Fasanen, während der Hühner=
jagd, mit 11 gegen 6 Stimmen beschlossen; der Minister von Podbielski
legte der Ausdehnung dieser Schonzeit (4. März S. 115) „hohe Bedeutung"
bei; das H. d. Abg. aber beschränkte sie unter Zustimmung des Regierungs=
vertreters auf die Zeit bis 15. September.[3]

14. Rebhühner und schottische Moorhühner behalten ihre bis=
herige Schonzeit vom 1. Dezember bis Ende August. Der Entw. wollte
den Wachteln und den oben zu 13 erwähnten Vögeln vom 1. Februar
bis 31. August Schonzeit geben. Das H.=H. stellte sie den Rebhühnern
gleich, unter Beifall des Ministers v. Podbielski, da die Jagd gleichzeitig
mit der auf Rebhühner stattfände. (Bericht S. 4, 4. März, S. 115, 119.[4])

[1] In Hohenz. hat der Hase vom 1. Februar bis 30. September Schonzeit.

[2] In Hohenz. haben Haselhühner vom 1. Dezember bis 23. August, Fasanenhähne
vom 1. Februar bis 23. August, Birkhähne vom 1. Juni bis 14. August Schonzeit.

[3] In Hohenz. Birkhennen vom 1. Dezember bis 31. Oktober, Haselhühner und
Fasanenhennen vom 1. Dezember bis 23. August.

[4] In Hohenz. gleichfalls den Rebhühnern, schott. Moorh. (u. s. w.) gleichgestellt:
1. Dezember bis 23. August.

15. **Wilde Enten** hatten bisher vom 1. April (in Hohenz. schon vom 16. März) bis Ende Juni Schonzeit; die Bezirksregierung aber konnte im Gebiete des Ges. von 1870 die Schonzeit für einzelne Landstriche aufheben. Im H. d. Abg. wurde die Schonzeit auf März ausgedehnt, weil die Enten „allenthalben vermindert" seien und Stockenten überdies schon im März Eier legten (Bericht der Komm., S. 8).

16. Die Schonzeit der **Schnepfen**, bisher Mai und Juni (in Hohenz. bis 14. Juli) beginnt jetzt schon am 16. April. Der Entw. wünschte den früheren Beginn der Schonzeit zur Sicherung der Brutschnepfe (S. 14; Graf v. Spee, 13. Juni, S. 5889) [1]. Ein Antrag auf Erweiterung der Schonzeit bis 1. April, weil die Zugzeit bereits um diese Zeit meistens beendet sei, wurde von der Komm. d. H. d. Abg. in erster Lesung angenommen, in 2. Lesung aber abgelehnt; der Vertreter des Minist. f. Landw. bestritt, daß die Zugzeit schon anfangs April beendet sei (Bericht, S. 8, 9). Ein Antrag auf Schonung der Waldschnepfe während der nächsten 5 Jahre, vom 1. Januar ab, wurde abgelehnt, nachdem der Vertreter des Minist. f. Landw. geltend gemacht hatte: diese Maßregel würde lediglich südlichen Ländern zu gute kommen, wo sich der Massenmord entsprechend vergrößern würde, die preußischen Jäger würden ohne zukünftige Entschädigung die äußerst reizvolle Schnepfenjagd einige Jahre entbehren, — nachdem auch Abg. v. Savigny für die Zulassung der „poetischsten aller deutschen Jagdvergnügen" eingetreten war.

17. Den **Trappen** wollte der Entw. die frühere Schonzeit (Mai, Juni) gewähren. Der Landtag erweiterte auf April, Juli, August: Diese Vogelart sei mit dem Vorschreiten der Kultur immer seltener geworden; junge Trappen würden erst im August flügge und müßten bei einem vorher stattfindenden Abschusse der Alten eingehen (Komm.-Ver. d. H. d. Abg., S. 9).

18. **Wilde Schwäne, Kraniche, Brachvögel, Wachtelkönige** und **alle anderen jagdbaren Sumpf- und Wasservögel** mit Ausnahme der wilden Gänse genießen Schonzeit, wie früher das Sumpf- und Wassergeflügel, im Mai und Juni. — Für Kraniche, Brachvögel, Wachtelkönige hatte der Entw. keine Schonzeit vorgesehen, die Komm. d. H. d. Abg. (Bericht, S. 10) fügte sie auf einen Antrag „ohne Debatte" ein. — Im H.-H. wurden gemäß einem, vom Oberlandf. Wesener anheimgegebenen Antrage des Grafen v. d. Recke-Volmerstein die wilden Gänse ausdrücklich ausgenommen, „weil sie schon in den 20er Tagen des Juni ausgemausert seien und fortzögen" (S. 119); damit wurde ein vermeintlicher Zweifel beseitigt.

---

[1] Vergl. Antrag des Grafen v. Mirbach-Sorquitten in der Hptvers. des Allg. Disch. Jagdschutzv. v. 1900 (Monatsh., S. 310 ff.) und Beschluß der Versamml. v. Juli 1902, Monatsh., S. 200, 322 ff. — Junack, das. 1903, S. 170 zu 11, einerseits für Zulassung der Jagd auf dem Schnepfenstrich, als einer „Perle unseres Jägerlebens", andererseits für Erweiterung der Schonzeit vom 15. April.

19. Früher hatte der Krammetsvogel nur da, wo er nicht jagdbar war, nach dem R.=V.=Sch.=G. (§ 8 Abs. 1 zu b, Abs. 2) Schonzeit vom 1. Januar bis 20. September. Der Entw. d. W.=Sch.=G. wollte die gleiche Schonzeit auch dem jetzt für jagdbar erklärten Vogel gewähren. Nach vielen und langen Debatten im Landtage wurde dies angenommen, eine Hinaus= schiebung bis 30. September wurde im § 3 gestattet (vergl. unten zu C, 2, b).

Der Abg. Martens wünschte Verkürzung der Schonzeit, da der Zug höchstens bis 10. November dauere (S. 5886), dagegen erklärte sich von Wolff=Metternich (S. 5887, Abs. 5): in manchen Gegenden würden die Krammetsvögel geschossen, dies sei eine unbedenkliche Jagd und geschehe am besten im November und Dezember.

Im übrigen vgl. unten zu C, b.

Bauer, S. 21 Anm. 21, bedauert, daß der bei uns brütenden Wach= holderdrossel, die im Juni und Juli die Kirschbäume und Beerensträucher „auf die unverschämteste Weise plündere“, wegen der Schonzeit nicht beizu= kommen sei. Dieser Übelstand ist — wenigstens für das Gebiet des Wildschad.=Ges. vom 11. Juli 1891 — nicht anzuerkennen, da nach § 16 dieses Ges. die Aufsichtsbehörde den Besitzern von Obstanlagen gestatten kann, Vögel, welche in den Anlagen Schaden anrichten, zu jeder Zeit mittels Schußwaffen zu erlegen.

Ein Blick auf umstehende Tabelle (unter S. 38) läßt sofort erkennen: Die Schonzeit ist in vielen Fällen verlängert, in einigen Fällen ist solche neu ge= währt; beim weiblichen Rehwild ist sie nur um $1/_2$ Monat hinausgeschoben, nur beim Dachs, Haselhahn und Rehkalb ist die Schonzeit verringert (beim Dachs und Haselhahn bedingungslos, beim Rehkalb mit Zulassung einer Einschränkung durch den Bezirksausschuß)[1].

B. In § 2 W.=Sch.=G. finden sich noch folgende Vorschriften:

1. Abs. 2: Die im Ges. als Anfangs= und Endtermine der Schon= zeiten bezeichneten Tage gehören zur Schonzeit.

2. Abs. 3: Beim Elch=, Rot=, Dam= und Rehwild hat das Kalb eine besondere Schonzeit. Als solches galt das Tier nach dem Ges. von 1870 bis 31. Dezember; jetzt bis Ende Februar.[2] Diese Erweiterung hat keine Bedeutung für Elchwild, da sowohl männliches wie weibliches Elchwild im Januar und Februar Schonzeit hat. Entsprechendes gilt für Rehkälber. Die Erweiterung hat nur Bedeutung für männliche Rot= und Damwild=

---

[1] Robben sind nicht jagdbar. Sie haben aber Schonzeit nach Maßgabe der auf Grund des Reichsges. v. 4. Dezember 1876 ergangenen Kaiserl. Verordn. v. 29. März 1877 (Schonzeit bis 3. April).

[2] Nach § 2, Nr. 2, der Meckl. Verordn. v. 3. 5. 1904 Rehkitze bis 30. April.

Ergebnis:

		Januar	Februar	März	April	Mai	Juni	Juli	August	Septbr.	Oktober	Novbr.	Dezbr.
1	Männliches Elchwild												
2	Weibliches Elchwild und Elchkälber												
3	Männliches Rot- und Damwild												
4	Weibliches Rot- und Damwild, Kälber									16			
5	Rehböcke					16							
6	Weibliches Rehwild											15	
	Rehkälber												
7	Dachse												
8	Biber												
9	Hasen		15										
10	Auerhähne												
11	Auerhennen												
12	Birk- und Fasanhähne									16			
	Haselhähne									16			
13	Birk-, Hasel- und Fasanenhennen									16			
14	Rebhühner, schottische Moorhühner												
	Wachteln												
15	Wildenten												
16	Schnepfen					15							
17	Trappen												
18	Wilde Schwäne, Kraniche, Brachvögel, Wachtelkönige und alle anderen jagdbaren Sumpf- und Wasservögel mit Ausnahme der wilden Gänse												
19	Drosseln (Krammetsvögel)												21

▦ Beibehaltene Schonzeiten. (Ges. v. 26. Febr. 1870).

▥ Neu eingeführte Schonzeiten.

▨ Aufgehobene Schonzeiten, jetzt Jagdzeiten.

│ │ Jagdzeiten.

kälber, die ohne jene Erweiterung im Januar und Februar als Hirsche geschossen werden konnten, jetzt aber nach Nr. 5 im Februar (gleich dem weiblichen Wilde) Schonzeit haben.

3. Die Bestimmungen des § 2 finden keine Anwendung auf Wild in „eingefriedigten Wildgärten". Hierüber vergl. unten § 10, I.

C. Wie bereits bemerkt, kann nach § 3 W.-Sch.-G. „aus Rücksichten der Landeskultur und der Jagdpflege" die Schonzeit in mehreren Fällen verändert werden:

1. Hinsichtlich des weiblichen Elchwildes durch den Minister für Landw.; vergl. oben zu A, 2.

2. Durch Beschluß des Bezirksausschusses:

a) Hinsichtlich der α) Birk-, Hasel-, Fasanenhähne, β) dergl. Hennen, γ) der Rebhühner, Wachteln und schott. Moorhühner Anfang und Schluß bis zu 14 Tagen verkürzen oder verlängern, hinsichtlich δ) der Rehböcke den Schluß bis zu 14 Tagen verkürzen oder verlängern[1]).

Zu α) könnte hiernach die Schonzeit schon vor dem 1. Juni an einem in die Zeit vom 31. bis 18. Mai oder erst nach dem 1. Juni, spätestens 15. Juni beginnen oder statt am 15. September in der Zeit vom 1. bis 29. September enden. Der 1. September fällt also unter allen Umständen in die Schonzeit, der 30. September unter allen Umständen in die Schußzeit.

Zu β) Spielraum vom 18. Januar bis 14. Februar, Ende wie zu α).

Zu γ) Spielraum beim Beginn vom 17. November bis 14. Dezember, beim Ende vom 18. August bis 14. September.

b) Hinsichtlich der Drosseln Verlängerung bis 30. September: „Da die im Herbst vom Norden nach Süden durchziehenden D. in den einzelnen Gegenden zu verschiedenen Zeiten erscheinen. Der Beginn der freigegebenen Zeit ist möglichst so zu legen, daß die anderen Zugvögel, welche geschont werden müssen, schon durchgezogen sind" (Begr., S. 15); „es soll die Möglichkeit gegeben werden, den Fang erst beginnen zu lassen, wenn die heimischen Drosseln bereits fortgezogen sind" (Anweis.).

c) Hinsichtlich der Dachse und Wildenten Einschränkung der Schonzeit bis zur gänzlichen Aufhebung, „um der übermäßigen Vermehrung erfolgreicher entgegentreten zu können" (Begr., S. 15), hinsichtlich der Rehkälber[2]) und Biber andererseits Verlängerung der Schonzeit bis zur Ausdehnung auf das ganze Jahr.

---

[1]) Das frühere Recht gestattete eine Verschiebung bis zu 14 T. auch bei Auerhennen; der Entw. wollte dies auch auf Auerhähne ausdehnen. Der Landtag ließ die Verschiebung bei Auerwild nicht zu. — Andererseits ist die Verschiebung bei Birk- und Fasanenhähnen jetzt zulässig geworden, da die gesetzliche Schonzeit für Hähne und Hennen zu gleicher Zeit endigt und die gleichen Rücksichten auf Landeskultur beim männlichen wie beim weiblichen Wilde bestehen (Begr., S. 15). Weggefallen ist die Verschiebung bei Hasen. Neu zugelassen ist sie im Landtage bei Rehböcken, aus der Erwägung, daß die Verhältnisse im Osten und Westen ganz verschieden liegen: bezügl. der Entwicklung der Feldfrüchte im Mai und damit bezügl. des Bestrebens des Rehwildes, in die Felder zu treten (Komm. d. H.-H., S. 4). Ein Antrag auf Zulassung der Ermächtigung, Rehe vom 1. Oktober ab zu schießen, wurde abgelehnt (Komm. d. H. d. Abg., Bericht S. 6, 7).

[2]) Vom H. d. Abg. eingefügt, weil sich bei Geltung der gesetzl. Schonzeit möglicherweise Mißstände herausstellen könnten.

In der Komm. d. H. d. Abg. (Bericht, S. 10) sagte ein Vertreter des Min. f. Landw. zu, darauf hinzuwirken, daß die Aufhebung der Schonzeit der Enten „nur in den allerdringendsten Fällen" ausgesprochen werde; demgemäß erklärt Anweis. § 3 zu b die gänzliche Aufhebung der Schonzeit nur dann für gerechtfertigt, „wenn diese Vögel durch massenhaftes Auftreten der Fischerei ernstlich schädlich werden".

Um einen früher bestandenen Zweifel zu beseitigen, bestimmt § 3 Abs. 3 in Übereinstimmung mit dem Entw., daß mit Rücksicht auf die verschiedenen Bodenverhältnisse die Verschiebung und Aufhebung der Schonzeit für den ganzen Umfang des Regierungsbezirks oder nur für einzelne Teile, die Abänderung für die einzelnen Teile auch in verschiedener Weise erfolgen dürfe. Unter diesen Umständen kann auch die Verkaufszeit (§ 6 des Ges, vgl. unten § 5) den Wünschen der Wildhändler entsprechend geregelt werden.

Im Falle zu a kann der Beschluß nur für die Dauer der jährlichen Jagdperiode, in den Fällen zu b, c für eine näher bestimmte Reihe von Jahren oder auf unbestimmte Zeit bis zum Widerrufe erlassen werden (Anweis. zu § 3, c, vgl. § 3, Abs. 4).

Der Beschluß des Bezirksausschusses ist endgiltig (§ 12) und kann also durch kein Rechtsmittel angefochten werden. Dies entspricht dem § 107 des Ges. vom 1. August 1883 über Zuständigkeit der Verwaltungs= und Verwaltungsgerichtsbehörden.

Der Abg. Heisig beantragte im H. d. Abg. die Einführung eines neuen §, wonach die Regier.=Präs. aus Rücksichten der Landeskultur, befugt sein sollten, durch Polizeiverordn. Tiere, welche nach § 1 dem freien Tierfang unterlägen, als jagdbar zu erklären, z. B. Wiesel, Igel, Bussarde, und nach Bedarf Schonzeiten für dieselben zu bestimmen. Der Minister v. Podbielski erklärte sich dagegen und wies auf die bedenklichen Konsequenzen hin, daß z. B. ein Nichtjagdberechtigter wegen Jagdvergehens bestraft werden müßte, der einen ein Rebhuhnnest ausnehmenden Igel tödtete (13. Juni, S. 5872). Heisig zog demnächst seinen Antrag zurück und beantragte eine „Resolution ... die Königl. Staatsregierung zu ersuchen, energisch dahin zu wirken, daß Tiere, welche Vertilger von Mäusen und anderen kulturschädlichen Tieren sind, aus Interessen der Landeskultur, mehr als bisher geschehen ist, durch Pol.=Verordnung geschützt werden." (S. 5886, 5892.) D.=L.=F.=M. Wesener erklärte: Damit sei die Regierung einverstanden; sie lege nur Wert darauf, daß diese sonst ganz nützlichen Tiere, wie Igel, Wiesel, Spitzmäuse, nicht für jagdbar erklärt würden. Die Resolution wurde in beiden Häusern angenommen (H. d. Abg. S. 5909, H.=H. S. 476).

§ 3.

Aufstellen von Schlingen.

I. Einschränkungen der Art der Jagdausübung wurden schon vor mehreren hundert Jahren in Deutschland verordnet, so namentlich auch Verbot des Schlingenstellens, „solch unweydmennisch fahen" als „ungebühr= liche Weidmannschaft" in Bayern (1608). (Riccius, Jagtgerechtigkeit 1772 S. 389, Schwappach, Forst. u. Jagdgesch. S. 615, Anm. 4) und die Churmainz (1744) (Riccius S. 390) betreffs der Hasen, in Alten= burg und Gotha Draht= und Haarschlingen betr. Hasen und Hühner (Riccius S. 390), im Herzogtum Schlesien bei dem „Federwildpret" (Riccius S. 389).

Das Allg. Landrecht von 1794 verbot Schleifen, Schlingen auch Garnsäcke, ausgenommen Dohnen, zur Einfangung des Federwildes (§ 61 II, 16). Mehrere Provinzialges. enthielten Strafandrohungen (Schles. F. u. J.=O. vom 1756, Westpreußen). Im ehem. kurköln. Herzogtum Westphalen und in der Grafschaft Recklinghausen waren an Orten, wo Haselhühner sind, auch „Stricke und Schneusen" auf Krammetsvögel, Draht= schlingen allg. bei Strafe verboten; jeder Eigentümer, der verbotenes Fang= zeug fand, war bei Strafe zur Anzeige beim nächsten Jäger verpflichtet (J.=O. vom 9. Juli 1759). Für die Rheinprovinz verbot die Gouvern.= Verordn. vom 18. August 1814 alle Jagd mit Garnen und Schlingen auf Rot= und Rehwildpret, Hasen und Rebhühner bei Strafe, österr.=baier. Gouvern.=Verordn. vom 21. September 1815 verbot allg. Schlingen auf Wildpret mit Ausn. der Dohnen zum Fange der Krammetsvögel, (Vgl. Hahn, D. preuß. Jagdrecht, S. 80 bis 82, 91 ff.) Das Allg. L.=R. ge= stattete das Einfangen von Rebhühnern durch sog. Treibzeuge mit Be= schränkungen (§§ 62, 63 II, 16).

Nach dem Ges. von 1870 war es „für die ganze Dauer des Jahres verboten, Rebhühner, Hasen und Rehe in Schlingen zu fangen" (§ 1 Nr. 13); nach dem Ges. vom 15. April 1902 galt dasselbe für schottische Moorhühner[1]).

---

[1]) Weiter ging das Kurhess. Ges. vom 7. September 1865 § 30 Nr. 5. Das Ges. bedrohte mit Strafe: „die unbefugte oder gegen die Vorschriften dieses Gesetzes ver= stoßende Ausübung der Jagd, namentlich auch das Jagen und Hetzen mit Hunden, das Fangen des Wildes mit Fallen, Eisen, Schlingen, Netzen, Gruben und dergl. u. s. w." Wie weit dies ging, mag zweifelhaft sein. Klingelhoeffer, Jagdordnung, 1896, zu § 30 Anm. 7 bemerkt: „unter dem hier genannten Wild ist nur das im Gesetz vom 7. Septem= ber 1865 erwähnte Wild zu verstehen: Rotwild, Damwild, Rehwild, Hasen, Auerwild, Schwarzwild, nicht aber jagdbares Wild, welches in Fallen gefangen zu werden pflegt, z. B. Dachse, Füchse, Fischotter, Marder, Iltis u. s. w. Vergl. Kurhessische Mitteilungen Bd. 3, S. 292, Vorbemerkung." Das. Anm. 6: „Der § 30 des Gesetzes vom 7. Septem= ber 1865, soweit er den Jagdberechtigten verbietet, dem Wild mit Schlingen nach= zustellen, ist durch § 5 des Preußischen Wildschongesetzes nicht für aufgehoben erachtet,

Der Entw. einer J.-O. von 1883 wollte in § 54 den Fang in Schlingen bei allen mit Schonzeit bedachten Wildarten verbieten. Noch weiter ging das H. d. Abg., indem es im § 54 (55) das Stellen von Schlingen verbot, die geeignet sind, Schonwild zu fangen.

Das Wildschad.-Ges. von 1891 verbot in § 15 das Fangen der wilden Kaninchen in Schlingen.[1]) Die J.-O. f. Hohenz. (§ 12) verbot die Jagdausübung nach Vorbild des Entw. der J.-O. von 1883. Weiter geht das neue W.-Sch.-G., indem es sich an den vom H. d. Abg. 1883 entworfenen § 54 (§ 55) anschließt. Es verbietet nicht blos bezüglich aller jagdbaren Tiere und der wilden Kaninchen[2]) den Fang in Schlingen, sondern überhaupt das Aufstellen von Schlingen, in denen sich jagdbare Tiere oder Kaninchen fangen können. Auf eine Absicht des Jägers, solche Tiere zu fangen, kommt es nicht mehr an. Die Erweiterungen ist nach der Begr. (S. 16) in Übereinstimmung mit einem Beschl. des H. d. Abg. vom 28. März 1884 (Stenogr. Ber., S. 1947) geschehen, um der Einrede zu begegnen, daß die Schlinge, mit der ein Stück Wild verbotswidrig gefangen ist, nicht auf diese Wildart oder überhaupt auf Wild gestellt gewesen sei.

Das Verbot gilt auch für die Jagdausübungsberechtigten[3]), auch für Wildgärten (vgl. unten § 10, I).

II. Im einzelnen ist folgendes zu bemerken:

1. Unter das Verbot des Schlingenstellens fällt nach § 1 Abs. 2 nicht: die Ausübung des Dohnenstiegs mittels hochhängender Dohnen; verboten sind also Laufdohnen. Die Frage der Zulassung des Dohnenstiegs wurde im Landtage lebhaft erörtert. Verschiedene Tierschutzvereine, z. B. der hessische, verlangten in Petitionen vollständiges Verbot des Krammetsvogelfanges (H.-H. 1. März, S. 114). So auch verschiedene Landtagsmitglieder: Graf Haeseler im H.-H., weil „sich auch Rotkehlchen und viele andere Vögel, wie z. B. Dompfaffen, massenhaft in diesen Schlingen fangen" (4. März, S. 120).

So auch in der Komm. des H. d. Abg. (Bericht, S. 10), weil andere nützliche Vögel mitgefangen würden, weil diese Jagd dem internationalen Abkommen zum Schutze der Vögel widerspreche, weil der Vogelfang in

sondern ist fortgesetzt gültig, indem die kurhessische Vorschrift die Art der berechtigten Jagdausübung ganz allgemein gewissen Beschränkungen unterwirft. Vergl. kurhessische Mitteilungen, Bd. 2, S. 80."

[1]) Ohne Strafe anzudrohen. Das Versäumte wurde durch Polizeiverordnungen nachgeholt. Vgl. Schultz-Scherr Thoß S. 116 Anm. 35 und S. 118 (Anlage C). Das Verbot galt allgemein, also natürlich auch für den Grundeigentümer (Reichsgericht in Straff., 19. 10. 1883, Bd. 24 S. 326).

[2]) Hinsichtlich der Kaninchen zunächst erheblich in Hannover und ehemal. Kurhessen, wo das Wildschadenges. von 1891 nicht gilt.

[3]) Benutzt der Wilderer Schlingen, so kommt bei diesem Jagdvergehen die Strafschärfung des § 293 St.-G.-B. in Betracht.

Dohnen verdammenswert sei, da das Verenden unter großen Qualen erfolge; Sachsen und Bayern seien mit gutem Beispiel vorangegangen.

Abg. Seydel (H. d. Abg. 7. Mai, S. 5031): der weidgerechte Jäger habe eine Scheu vor allen Schlingen, gefangen würden unsere nützlichen Singvögel (Drosseln, Finken, Zeisige, Meisen), Abg. Geisler (S. 5042) wegen der Todesqualen (vgl. auch S. 5902), Abg. Witzmann (S. 5896): es sei eine „berufsmäßige Tierquälerei", mit der viel Zeit vergeudet werde, so daß ein volkswirtschaftlicher Nutzen nicht anzuerkennen sei.

Gegen jene Anträge erklärte sich auch der Abg. Frhr. v. Wolff-Metternich: in den Dohnen würden auch viele schädliche Vögel gefangen, z. B. in einem Dohnenstieg in einem Jahre 2 Sperber und 14 Holzhäher, Grausamkeiten kämen bei allen Jagdarten vor, z. B. man schösse einen Hirsch weidwund und lasse ihn stundenlang sitzen und krank werden, selbstverständlich seien die Qualen möglichst zu verringern, sie seien aber nicht ganz zu vermeiden.

Die auf Beseitigung des Schlingenfanges gerichteten Anträge wurden in den Kommissionen und im Plenum abgelehnt.

Ein Antrag des Abg. Martens (13. Juni, S. 5895) auf Verbot des Krammetsvogelfangs der Kinder, befürwortet vom Abg. Witzmann, weil die Kinder dadurch verroht würden, auch durch schlechtes Stellen der Schlingen die Todesqualen vergrößerten u. s. w., wurde abgelehnt, nachdem Min. v. Podbielski (S. 5871) und O.-L.-F.-M. Wesener (S. 5898) darauf hingewiesen hatten, daß der Krammetsvogelfänger jetzt überall einen Jagdschein haben müsse und solcher an Kinder nicht verliehen werde[1]).

Das W.-Sch.-G. sucht den zu besorgenden Todesqualen durch die Bestimmung zu begegnen, daß „die Art der Ausübung des Dohnenstieges durch den Regierungspräsidenten im Wege der Polizeiverordnung geregelt werden" dürfe. Schon früher waren in dieser Hinsicht Pol.-V. gemäß einem Erl. des Min. f. Landw. vom 11. Februar 1891 ergangen. Die obige gesetzliche Bestimmung ist eingefügt, weil andernfalls die Unzulässigkeitserklärung der Pol.-V. zu befürchten sei, nachdem das Gesetz selbst jene Art der Jagdausübung gestattet habe (Begr., S. 16).[2])

2. In der Komm. d. H.-H. „wurde die Frage aufgeworfen, ob es nicht zweckmäßig wäre, den Ausdruck Schlingen näher dahin zu erklären, daß darunter alle diejenigen Fangvorrichtungen zu verstehen seien, welche schlingenartig wirken und durch Zuziehen das hineingeratene Wild fangen

---

[1]) Diese Begründung war völlig zutreffend: § 6 des Jagdscheingesetzes „Personen, von denen eine unvorsichtige Führung des Schießgewehrs zu besorgen ist." Es ist aber auf § 2 Nr. 2 dieses Gesetzes hinzuweisen, wonach es keines Jagdscheines zu „Treiber- und ähnlichen bei der Jagdausübung geleisteten Hilfsdiensten bedarf!"

[2]) Über die rechtlichen Verhältnisse beim Krammetsvogelfang vgl. Dtsch. Jäger-Ztg. 1905 (Bd. 43) S. 685.

(z. B. Säcke). Nach Erklärung eines Regierungsvertreters, welcher davon Mitteilung machte, daß bereits durch das Strafgesetzbuch die Anwendung derartiger Vorkehrungen seitens des Nichtjagdberechtigten unter verschärfte Strafe gestellt ist, wurde jedoch von der Stellung eines Antrages Abstand genommen." (Bericht, S. 5.)

3. In der Komm. d. H. d. Abg. wurde die Frage eines Verbots der Entenfänge angeregt; der Vertreter des Ministers aber stellte die Zweck= mäßigkeit eines derartigen Verbots in Abrede. Die Entenfänge seien eine altherkömmliche Fangart, und es liege im Interesse der Bevölkerung, dort, wo dieselbe üblich sei, sie weiter zu gestatten; nach den Erfahrungen in Schleswig würden in den dortigen Entenfängen hauptsächlich nur nordische Enten gefangen, welche sich auf dem Durchzuge befänden und in Deutschland nicht brüteten. (Bericht, S. 11, Abs. 2, 3.)

4. Im H.=H. beantragte Graf v. Haeseler (4. März, S. 120) Verbot des Anlegens von „Gruben, in denen sich jagdbare Tiere oder Kaninchen fangen können"; er bemerkte: allerdings werde in solchen Gruben wohl das der Vernichtung preisgegebene Schwarzwild gefangen, aber es sei doch zu bedenken, daß das Schwarzwild in Kiefernwaldungen durch Wegnehmen von Ungeziefer größeren Nutzen als anderweit Schaden anrichte, namentlich aber sei der Antrag gerechtfertigt, weil sich Rot= und Damwild in den Gruben finge. Der Antrag wurde abgelehnt [1]).

5. In der Komm. d. H. d. Abg. (Bericht, S. 11, Abs. 1 ff.) wurde gefragt, ob der Jagdberechtigte befugt sei, einen zum Fangen von Wild bestimmten oder geeigneten Gegenstand, den er in seinem Jagdrevier vor= finde, und den ein Unbefugter dort hineingebracht bezw. aufgestellt habe, wegzunehmen. Der Vertreter des Justizministers bejahte unter Hinweis auf die Bestimmungen über Selbsthilfe und den Umstand, daß solche Gegen= stände der Einziehung [2]) unterlägen. Mit Rücksicht auf diese Erklärung wurde auf den in Aussicht genommenen Antrag auf Verbot des Fallen= stellens verzichtet.

<h3 style="text-align:center">§ 4.</h3>

<h2 style="text-align:center">Eier und Junge.</h2>

1. Kiebitze und Möwen sind jagdbare Vögel (vergl. oben § 1, II zu 2). Nach § 6 Abs. 2 des Schonges. v. 1870 (eingefügt in den damaligen Landtagsverhandlungen) durften bisher und nach § 16 Abs. 2 d. J.=O. f.

---

[1]) Meiner unmaßgeblichen Ansicht nach ist dies sehr zu bedauern. In der Nähe meiner alten Heimat wurden vor langer Zeit Gruben angelegt, um Schwarzwild zu fangen; in der ersten Nacht geriet ein jüdischer Handelsmann mit einem Kalbe hinein, nachher des Jagdberechtigten eigener Hund, sehr viel Rot= und Rehwild, aber nicht ein einziges Stück Schwarzwild.

[2]) Letzteres ist leider nicht bedingungslos richtig. Vergl. unten § 7 zu VIII.

Hohenz. dürfen ihre Eier bis zum 30. April ausgenommen werden. Dabei bleibt es auch für die Regel nach dem neuen W.=Sch.=G. Letzteres aber wollte jenen nützlichen Vogelarten einen Schutz gegen Ausrottung gewähren. Die Kiebitze und Möwen sind als Insektenvertilger, die Möwen auch durch Düngung der Dünen sehr nützlich (Begr., S. 16, 17); die Kiebitze haben sehr abgenommen. Da nun die Legezeit in den verschiedenen Gegenden verschieden ist, so wird in § 5 Abs. 2 dem Bezirksausschusse gestattet, den Termin bis 10. April [1]) zurückzuverlegen, damit nicht in einzelnen Gegenden die letzten Gelege der Kiebitze und Möwen fortgenommen werden dürfen, andererseits den Termin bis 15. Juni [2]) hinauszuschieben, da die Legezeit der Möwen in einigen Gegenden, namentlich im Osten, erst nach dem April beginnt und also ohne jene Verlängerung das lohnende Sammeln der Möweneier unzulässig wäre (Begr., S. 16, 17; Anweis. zu § 5, Abs. 2). Dieser Beschluß des Bezirksausschusses ist endgiltig (§ 11), vergl. oben § 2, gegen Ende.

Im H.=H. verlangte Graf v. d. Recke=Volmerstein unter Beifall des Grafen Praschma bedingslose Erlaubnis des Sammeln der Möween= eier bis 20. Mai — im Interesse der Fischzucht: Die Möwen erschienen oft ganz plötzlich in großen Massen über Nacht, gerade im Mai, wenn die Sommerlaichfische auskröchen und die jungen Fische mit der Dotterblase schwämmen — Graf P. sammelte einmal in wenigen Tagen 12 000 Eier —. Dem Antrage widersprachen mit Erfolg Min. v. Podbielski, D.=L.=F.=M. Wesener, v. Klitzing, Graf v. Mirbach: Der Bezirksausschuß könne ja helfen, ein Antrag sei nicht nötig, der Ausschuß werde von Amtswegen einschreiten, Verzögerung sei nicht zu befürchten, event. brauche der Ausschuß nur erinnert zu werden (4. März, S. 120 ff., 115, 116).

2. Auch das Ausnehmen der Eier ist eine Jagdausübung; zum Aus= nehmen der Kiebitz= und Möweneier aber bedarf man keines Jagdscheins [3]) (§ 2 J.=Sch.=G.). Der Jagdberechtigte darf Kiebitz= und Möweneier ohne

---

[1]) Entw. d. Jagordn. von 1883: bis 20. April.

[2]) Entw. der Jagdordn. von 1883 bis 1. Juni; Beschl. d. H.=H. 1883/84, S. 15, bis 15. Juni; H. d. Abg. für Kiebitzeier bis 10. Mai, für Möweneier bis 18. Juni, letzteres mit Rücksicht darauf, daß sich auf den Nordseeinseln die zweite Brut bis 18. Juni aus= dehnt (Begr., S. 17).

[3]) Über geschichtliche Entwicklung vergl. Bericht d. Komm. d. H. d. Abg., S. 12, Abs. 1: Nach J.=P.=G. v. 7. März 1850 war Jagdschein notwendig, ebenso nach dem Entw. der Jagdordn. v. 1883. Auch die Komm. des H. d. Abg. wollte keine Ausnahme machen; der Komm.=Bericht äußert sich hierzu: „Anträge, für den Vogelfang oder für das Eiersammeln, das meist durch Kinder betrieben werde, die Jagdscheingebühr herab= zusetzen . . . fanden keinen Anklang." Das H. d. Abg. machte in einem Zusatze zu § 45 eine Einschränkung zu Gunsten derer, die lediglich Kiebitz= oder Möweneier ein= sammeln. Auf demselben Boden steht das J.=Sch.=G. v. 31. Juli 1895 (§ 2 zu 1) mit Rücksicht auf die Kürze der zum Einsammeln freistehenden Zeit.

weiteres während der gestatteten Zeit sammeln. Jagdberechtigter ist der Jagdausübungsberechtigte, d. i.: der Eigenjagdbesitzer, auch der Miteigentümer, der Eigentümer einer Waldenklave, wenn die Voraussetzungen des Gesetzes erfüllt sind, der Jagdpächter, auch der gesetzliche Vertreter eines Minderjährigen oder eines entmündigten Volljährigen, der Vorstand einer juristischen Person, der Vertreter des Fiskus (meines Erachtens jeder Revierverwalter); der Generalbevollmächtigte eines Gutsbesitzers, der Konkursverwalter, der bebrotene Jäger des Jagdpächters, der Feldmarksjäger. Vgl. Stelling Jagdges. zu § 5, Anm. 3, II (S. 333, 334).

Praktisch wichtig ist die Frage, ob der Nichtjagdberechtigte, wenn ihm Erlaubnis zum Eiersammeln in Abwesenheit des Jagdberechtigten erteilt wird, eines Ausweises bedarf. Ohne Bestimmung im neuen Gesetze werden die bisherigen Partikulargesetze maßgebend sein: für Altpreußen § 17 J.-P.-G., für Hannover § 14 J.-O. § 5 Abs. 3 des neuen W.-Sch.-G. schafft einheitliches Recht: Der Sammelnde muß eine schriftlich erteilte Erlaubnis bei sich führen (eingefügt im H. d. Abg., S. 5955, 6035 auf Antrag des Abg. Meyer-Diepholz unter ausdrücklicher Zustimmung des O.-L.-F.-M.). Das W.-Sch.-G. enthält für den Fall der Übertretung keine Strafandrohung; § 292 St.-G.-B. (Jagdverg.) greift selbstverständlich nicht durch, da der mit Erlaubnis des Jagdberechtigten handelnde Täter kein fremdes Aneignungsrecht verletzt; man könnte an Hilfe durch die partikuläre Landesgesetzgebung denken, so in Altpreußen an § 17, Abs. 1 J.-P.-G. (2 bis 5 Tlr.), in Hannover an § 22 Abs. 3 „wer ohne Verletzung fremder Jagdrechte die Jagd unbefugt ausübt" (1 bis 10 Tlr.); Bauer zu § 5, Anm. 7, und Braß in Monatsh. 1904, S. 260 zu IV, S. 324 wollen Straflosigkeit annehmen. Dagegen halten Danckelmann-Engelhard, Anm. 7, Stelling Jagdges. Anm. 3 zu V und Redaktion der Monatsh. 1904, S. 295 zu IV, in Übereinstimmung mit der Begr. S. 15, zutreffend den § 368, Nr. 11 St.-G.-B. für anwendbar; hiernach wird bestraft, „wer unbefugt Eier oder Junge von jagdbarem Federwilde ausnimmt."[1]

„Bei sich führen" sagt § 3 Abs. 3; ebenso wie J.-Sch.-G. v. 31. Juli 1895, §§ 1, 11, früher J.-P.-G. v. 7. März 1850 §§ 14, 16 Abs. 3. „Bei sich führen" schließt, wie allseitig anerkannt ist, auch die Ver-

---

[1] Anderer Ansicht ist Braß a. a. O., S. 324, weil der gegen die Vorschrift des § 5, Abs. 3, Sammelnde zwar „einem gesetzlichem Verbote zuwider", aber nicht „unbefugt" handle. Man wird annehmen dürfen, daß der Gesetzgeber hier nicht so unterscheiden wollte; das W.-Sch.-G. wollte das Sammeln, von den angeführten Ausnahmen abgesehen, für „unbefugt" erklären, sonst hätte er gewiß nicht unterlassen, eine besondere Strafvorschrift beizufügen. Man wird durch das Studieren des Ges. und der Materialien überzeugt, daß alle Beteiligten bei dem Zustandebringen des W.-Sch.-G. mit größter Sorgfalt gearbeitet haben.

pflichtung in sich, den Schein dem Aufsichtsbeamten[1]) vorzuzeigen. So schon Obertrib. (Oppenhoff, Rechtsprech. Bd. 7, S. 361; Bd. 8, S. 72), Kammergericht (29. Mai 1902) in Johow, Jahrb. Bd. 24, S. C. 85, Reichsgericht in Straff. (19. Juni 1894), Bd. 25, S. 430. Vergl. Kunze, Verw.=Archiv, Bd. 2, S. 550, v. Seherr=Thoß, J.=Sch.=G. Anm. 10 zu § 1, Bauer, J.=G., 3. Aufl., S. 314, Stelling, J.=Sch.=G., S. 48, 49.

Durch das „Bei sich führen" sollen jagdpolizeiliche Interessen gewahrt werden; diese können in dem bloßen Besitze des Jagdscheins keinen genügenden Schutz finden (Reichsger. a. a. O., S. 431). Es handelt sich um Legitimation.

Selbstverständlich muß der Schein dem Aufsichtsbeamten so vorgezeigt werden, daß letzterer von dem Inhalte Kenntnis nehmen kann (Kammer= gericht bei Johow, Bd. 13, S. 347). Der nachträglich erbrachte Beweis, daß der Jäger den Schein, den er dem Aufsichtsbeamten nicht vorzeigte, bei sich hatte, macht ihn nicht straffrei (so schon Obertrib. a. a. O.). —

Wann muß der Jäger den Schein „bei sich führen"? Diese Frage ist ebenso wie beim Jagdscheine zu beantworten; früher streitig, jetzt Kammer= gericht bei Johow, S. C. 87: nur während der Jagdausübung, nicht auf dem Wege zur Jagd und nicht auf dem Heimwege; also im Falle des § 5 Abf. 3 des W.=Sch.=G. nur während des Einsammelns.

3. Nach Abf. 4 ist (wie im § 6 Abf. 1 des Gef. von 1870, § 16 Abf. 1 d. J.=O. f. Hohenz.) das „Ausnehmen" der Eier und Jungen von anderem jagdbarem Federwilde auch dem Jagdberechtigten verboten, ausgenommen der zum Ausbrüten bestimmten Eier. Dies ist von großer Bedeutung gegenüber dem R.=V.=Sch.=G. für die nach dem jetzigen W.=Sch.=G. jagd= baren Vögel, so namentlich der Strandläufer, Seeschwalben, jagdbaren Adler (vergl. Danckelmann=Engelhard, Anm. 6[2]).

Das W.=Sch.=G. gibt keine Strafbestimmung. Braß in Monatsheften, S. 260 tadelt dies — mit Unrecht; die Blankettvorschrift des § 368 Nr. 11 St.=G.=B. greift durch: mit Geldstrafe bis 60 Mk. oder mit Haft bis 14 Tagen wird bestraft, „wer unbefugt Eier oder Junge von jagdbarem Federwild ausnimmt."

4. Abf. 5 gestattet — in Abweichung vom Regierungsentwurfe — dem Jagdberechtigten das Ausnehmen der Eier zu wissenschaftlichen oder Lehrzwecken nur mit Genehmigung der Jagdpolizeibehörde (letztere Einschränkung auf Veranlassung des H. d. Abg. aufgenommen, da bei den

---

[1]) Bezüglich der Frage, welchen Beamten die Kontrolle zusteht, ist auf die Kommen= tare zum J.=Sch.=G. zu verweisen.

[2]) Darf der Jagdausübungsberechtigte auch Eier sammeln und verkaufen, damit der Käufer sie ausbrüten lasse? Bauer, Anm. 4, bejaht. Der Gesetzgeber scheint an diesen Fall nicht gedacht zu haben. Eine polizeiliche Kontrolle des Verkaufs ist nicht gegeben. § 9 (Ursprungschein) bezieht sich nur auf „Wild"; eine entsprechende Übertragung wie in § 6 Abf. 4 findet sich in § 9 nicht.

hohen Preisen für Eier seltener Vögel auch seitens der Jagdberechtigten ein
Mißbrauch recht wohl möglich sei; Bericht, S. 12). Der Nichtjagdberechtigte
darf auch zu wissenschaftlichen und Lehrzwecken selbstverständlich keine Eier
ausnehmen; auch kann ihm die Behörde ohne Zustimmung des Jagdberechtigten keine Erlaubnis erteilen.

§ 5.

Wildhandel.

Die §§ 6 bis 10 betreffen den Handel mit „Wild", Kiebitz- und
Möweneiern.

I. Der Wildhandel ist beschränkt, wie nach § 7 des Ges. von 1870
und § 17 der J.-O. f. Hohenz., für die Zeit vom Beginne des 15. Tages
der Schonzeit bis zu deren Ablauf für alles Schonwild[1] „in
ganzen Stücken oder zerlegt, noch nicht zum Genusse fertig zubereitet"[2]. Nach Ges. von 1870 war aber nur mit Strafe bedroht: wer
zum Verkaufe herumtrug oder ausstellte, feilbot, den Verkauf vermittelte; nach J.-O. f. Hohenz. ist außer Feilbieten und Vermittlung auch
Veräußerung, Versendung verboten. Das neue Ges. (§ 6, Abs. 6)
verbietet, „zu versenden, zum Verkaufe herumzutragen oder auszustellen oder feilzubieten, zu verkaufen, anzukaufen, den Verkauf zu
vermitteln" — also namentlich auch Versendung, Verkauf, Ankauf:
eine wesentliche Verschärfung gegenüber dem Ges. von 1870, namentlich
auch durch das Verbot des Ankaufs — unter Gefährdung des kaufenden
Publikums, was um so mehr ins Gewicht fällt, als nach § 18 die Herrschaft für das Gesinde haftet. Händler und namentlich die Ältesten der
Kaufmannschaft zu Berlin erklärten die entsprechenden Bestimmungen des
Entwurfs für sehr gefährlich und bedauerten, daß ein solcher die Handelsfreiheit beeinträchtigender Gesetzentwurf nicht dem Handelsminister zur Mitunterzeichnung vorgelegt sei. Der Landtag aber erachtete die Begründung
(S. 17) für durchschlagend (vgl. v. Savigny, S. 5869): die Unbequemlichkeiten seien mit Rücksicht auf den zu erreichenden Zweck zu ertragen;

---

[1] Natürlich nur Schonwild. Anderes Wild, z. B. Schneehuhn, darf das ganze
Jahr hindurch gehandelt werden. Vgl. Monatsh. 1904, S. 258 (Braß), S. 294 zu I.

[2] Noch weiter wollte Graf Finck v. Finckenstein-Schönberg gehen; er beantragte im H.-H. Streichung der Worte „aber nicht zum Genusse fertig zubereitet". (Vgl.
Druckj. Nr. 49.) Dagegen erklärte sich Minister v. Podbielski (S. 116, 124): Der
Antrag führe auf ein Feld, das nicht zu übersehen sei, man wisse nicht, wie weit man
dann gehen solle; es würden viele Zweifelsfragen entstehen, die erst von den Gerichten
zu lösen seien; es entstünden Spitzfindigkeiten, die zu sehr unangenehmen Vexationen
führen könnten, so könnte z. B. dem, der gutgläubig ein auf der Speisekarte stehendes
Rebhuhn bestellt habe, dies Rebhuhn vom Teller entrissen werden und er müßte noch
Strafe bezahlen. — Graf Finckenstein zog den Antrag zurück. — Im Sinne des
Gr. Finckenstein hatten sich auch die Monatsh. 1902, S. 163, geäußert.

denn der Wilddiebstahl, welcher in den meisten Fällen des Erwerbes wegen betrieben werde und der mit der Erschwerung des Verkaufs seinen hauptsächlichsten Anreiz verliere, bedeute eine stete Lebensgefahr für die mit dem Forst- und Jagdschutze betrauten Personen; auch sei zu erwägen, daß die Konsumenten Wild, besonders das in der Schonzeit erlegte, welches überwiegend von Wilddiebstählen herzurühren pflege, nur selten aus erster Hand, vielmehr meistens von Händlern und Gastwirten bezögen; würden diese Mittelspersonen wirksamer als bisher an dem Vertriebe gesetzwidrig erlegten Wildes behindert, so werde auch das konsumierende Publikum umsoweniger in die Lage kommen, sich der Bestrafung auf Grund des Verbots auszusetzen[1]). Das Verbot des § 6 findet entsprechende Anwendung auf Kiebitz- und Möweneier (§ 7, Abs. 3). Es gilt nur in demjenigen Bezirk, für welchen die Schonzeit besteht (Abs. 1).

Zu dem Gesagten sind hier noch folgende Bemerkungen zu machen:

1. Die Beschränkung des Wildhandels (§ 6) bezieht sich nur auf Schonwild, also z. B. nicht auf Schwarzwild; aber auf alles Schonwild, insbesondere auch auf lebendes[2]) Wild, vgl. unten zu II, 2 (nicht minder auf Fallwild).

2. Sie bezieht sich auch auf das aus einem anderen, insbesondere nichtpreußischen Gebiete eingeführte Wild, da dies Wild nicht ausgenommen ist; so ist es notwendig, weil andernfalls die gehörige polizeiliche Kontrolle gefährdet würde[3]). So schon nach früherem Rechte, Ober-Trib., Kammergericht (vgl. Dalcke, Jagdrecht, S. 94, Anm. 26); Min.-Reskr. vom 1. März 1881 (M.-Bl., S. 92).

---

[1]) Zum Zwecke der energischen Bekämpfung des „Wilddiebstahls" wurden auch im Landtage alle durchführbaren Erschwerungen für zulässig erklärt. Vgl. v. Podbielski H.-H., S. 125, Allg. Forst- und Jagd-Ztg. 1904, S. 269, Abs. 1. Übrigens wurde schon bei Beratung des W.-Sch.-G. von 1870 vom Abg. Frankenberg die Strafbarkeit des „Verkaufs" beantragt, aber trotz Befürwortung des Landwirtschaftsministers v. Selchow vom Hause abgelehnt. (Vgl. Entsch. des Kammergerichts bei Johow, Bd. 22, S. C. 53.)

[2]) So schon die frühere Rechtsprechung des Kammergerichts (14. 3. 1895, Johow Bd. 16, S. 408; Groschuff, die Preuß. Strafges. zu § 7 des Gesetzes v. 26. 2. 1870; 2. Aufl., S. 823, Anm. 4). So auch jetzt das Kammergericht unter der Herrschaft des neuen Ges. (18. 5. 1905, Schultz, Jahrbuch Bd. 2, S. 184, 185): Das lebende Wild „gehört zum Wild in ganzen Stücken". Wenn das Ges. von „Wild in ganzen Stücken oder zerlegt" spricht, so will es damit nicht sagen, daß nur der Handel mit erlegtem (totem) Wilde verboten sein solle. Die Worte sollen jeden Zweifel darüber ausschließen, daß auch Teile eines zerlegten Tieres als „Wild" anzusehen sind. Daß diese Auslegung richtig ist, wird durch den dritten Absatz des § 6 bestätigt, indem dort zugelassen wird, daß ausnahmsweise der Ankauf u. s. w. von lebendem Wild „zum Zwecke der Blutauffrischung oder der Einführung einer Wildart" durch den Reg.-Pr. gestattet werden kann, — eine Vorschrift, die schlechthin unverständlich wäre, wenn die Regel des Abs. 1 sich nicht auf lebendes Wild bezöge.

[3]) Dies ist im Monatsh. 1902, S. 167, meines Erachtens nicht genügend bedacht.

3. „Feilbieten" ist nicht identisch mit „Feilhalten". Um den Begriff des Feilbietens zu erfüllen, müssen zum Feilhalten, d. h. Bereitstellen und Zugänglichmachen, noch positive, zum Kaufe anregende Handlungen hinzukommen. Vgl. Entsch. des Kammergerichts vom 12. April 1900. (Johow, Jahrb. Bd. 20, S. C. 78, Danckelmann, Jahrb. Bd. 32, S. 80), vom 23. Mai 1901 (Johow, Bd. 33, S. C. 51, Danckelmann, Bd. 33, S. 34.) Vgl. auch Entsch. vom 17. März 1902. (Johow, Bd. 24, S. C. 50. In den Monatsh. 1902, S. 164 ff. wurde diese Unterscheidung für sehr bedauerlich erklärt[1]).

4. Die Beschränkung des § 6 bezieht sich nur auf Wild, nicht also auf Wildhäute, Bälge, Geweihe, Gehörne, vgl. Bauer, W.=Sch.=G. zu § 6, Anm. 1.

5. Nach § 6 Abs. 1 entscheidet der Ort, für den die Schonzeit gilt (sowohl nach § 2, wie nach § 3). Maßgebend ist also der Ort, an dem das Wild zum Verkaufe herumgetragen, ausgestellt oder feilgeboten oder wo der Verkauf vermittelt wird. Unzweifelhaft ist zu bestrafen, wer den im Bezirk A., wo zur Zeit Rehböcke geschossen werden dürfen, erlegten Rehbock, im Bezirk B., wo der Rehbock Schonzeit hat, zum Verkaufe her=umträgt, ausstellt, feilbietet, ebenso der Jäger, welcher im Bezirk A., wo der Rehbock keine Schonzeit hat, den Rehbock erlegt, sich dann persönlich in den Bezirk B. begibt, wo der Rehbock Schonzeit hat, und ihn hier verkauft; ebenso der, welcher im Bezirk B. kauft.

Zweifel bestehen hinsichtlich des Begriffs der „Versendung" und des „Kaufs":

a) Versendung. Man könnte meinen, Versendung sei Absendung; alsdann wäre, wenn der Jäger, welcher aus dem Bezirk A., wo das Wild keine Schonzeit hat, nach B. sendet, wo das Wild Schonzeit hat, weder der Jäger noch der Empfänger wegen Versendung zu bestrafen. Das Kammer=gericht aber spricht in seiner Entscheidung vom 15. Mai 1905 (Schulz Jahrb. Bd. 2, S. 184, Nr. 82) aus: „Versenden ist nicht gleichbedeutend mit Absenden." Der Angeklagte hatte Rebhühner aus einem Gebiet, in dem keine Schonzeit galt, nach Preußen gesandt, wo Schonzeit war; er wurde in Preußen bestraft, „seine Versendungstätigkeit hat von dem Ab=sendungsorte begonnen und ist sodann auf preußisches Gebiet fortgesetzt worden, so daß der Angeklagte auch auf preußischem Gebiet versendet hat."

b) Kauf. Ein Kauf im gewöhnlichen Sinne des bürgerlichen Rechts liegt vor, wenn sich der eine vertragschließende Teil dem andern Teile zur Übertragung des Eigentums einer Sache oder eines Rechts, der andere

---

[1] In einigen anderen Gesetzen ist schon das Feilhalten mit Strafe bedroht, z. B. § 367 Nr. 3, 5, 7, 9 St.=G.=B. (Nr. 9: Feilhalten von Schußwaffen in Stöcken und Röhren.)

Teil zur Zahlung eines bestimmten Geldbetrags verpflichtet; die einfache Einigung genügt; jeder Teil wird obligatorisch verpflichtet. Wäre Kauf im Sinne des § 6 W.-Sch.-G. so zu verstehen, so würden beide vertragschließende Teile z. B. zu bestrafen sein, wenn ein Jagdpächter am 30. September einem Wildprethändler die Hasen verkauft, die er vom 1. Oktober ab schießen wird. Es würde sich weiter fragen: wie, wenn der Jäger aus dem Bezirk A., wo zur Zeit der Rehbock geschossen werden darf, den Rehbock dem Wildhändler im Bezirk B., wo der Bock zur Zeit Schonzeit hat, brieflich oder durch Fernsprecher anbietet? und der Wildhändler brieflich bezw. durch Fernsprecher das Angebot annimmt. So kommt ein Kauf im Sinne des bürgerlichen Rechts zustande. Hier würde es sich fragen, wo ist verkauft? wo ist angekauft? Die Juristen würden vermutlich recht verschiedener Meinung sein und man würde auf die Rechtsprechung gespannt sein müssen. Meiner Ansicht nach hätte in jenem Beispiele der Jäger im Bezirk A. verkauft, wo der Rehbock keine Schonzeit hatte, und wäre also nicht zu bestrafen, der Händler hätte im Bezirk B. gekauft, wo der Rehbock Schonzeit hatte, und wäre zu bestrafen. Meiner Ansicht nach müßte der Ort maßgebend sein, an dem der Täter gehandelt hat; die Rechtsprechung und namentlich des Reichsgerichts hat aber bisher angenommen, es sei sowohl da, wo gehandelt, als auch da, wo der Erfolg eingetreten ist, die Tat verübt. Das wäre sehr bedenklich; im vorliegenden Falle würde alsdann auch der Jäger zu bestrafen sein[1]). Das Kammergericht hat in seiner Entsch. vom 20. 3. 1905 (Schultz, Jahrb. Bd. 2, S. 181 Nr. 80) den Begriff des „Ankaufs" und „Verkaufs" im Sinne des käuflichen Erwerbs, d. h. soweit ein obligatorischer Kauf schon vorher geschlossen ist, im Sinne der Erfüllung des obligatorischen Kaufs gefaßt und damit alle jene Schwierigkeiten an der Schwelle unmöglich gemacht; der einfache Abschluß des Kaufvertrags während der Schonzeit ist nicht strafbar; strafbar aber ist die Lieferung während der Schonzeit, auch wenn der obligatorische Kauf vorher geschlossen ist. In dem vom Kammergericht entschiedenen Falle hatte ein in Preußen wohnender Wildhändler während der für seinen Bezirk maßgebenden Schonzeit aus Russisch-Polen Rebhühner gesandt erhalten und angenommen; er wurde bestraft, obwohl er die Rebhühner schon vor der Schonzeit bestellt hatte. Das Kammergericht sprach aus: der Gesetzgeber habe mit dem § 6 für den

---

1) Doch muß hier noch eine Anmerkung gemacht werden. Gesetzt.: A. in Braunschweig verkauft am 20. September nach Hannover Hasen durch Briefwechsel. In Braunschweig dürfen Hasen von Mitte September ab geschossen werden. A. wird in Braunschweig auf Grund des preuß. W.-Sch.-G. nicht bestraft werden. Peßler, Jagdrecht in Braunschweig, 3. Ergänz.-Heft, S. 33, bemerkt: „Das hiesige Landesstrafrecht huldigt unzweifelhaft dem Grundsatze, daß die einheimischen Gerichte über eine von einem Landeseinwohner im Auslande verübte, nicht unter das Reichsstrafgesetz fallende Handlung nur unter Anwendung eines braunschweigischen Landesgesetzes Strafe zu verhängen in der Lage sind". Vgl. Monatsh. 1904, S. 350.

Fall, daß im Schonbezirk während der Schonzeit Wild vorgefunden werde, den Einwand, das Wild sei außerhalb erlegt, abschneiden wollen; hiernach müsse „als Ankäufer von Wild im Sinne des § 6 auch derjenige gelten, in dessen Verfügungsgewalt während der Schonzeit Wild auf Grund eines früher abgeschlossenen Lieferungsvertrages gelange; nur bei dieser Auslegung lasse sich der Begriff des Ankaufs vernunftgemäß handhaben; es komme häufiger vor, daß in strafrechtlicher Beziehung ein Begriff anders als im privatrechtlichen Sinne aufzufassen sei". Daß es sich also um den „käuflichen Erwerb", „die Erfüllung des Kaufs" handelt, wird in einer anderen Entsch., vom 18. 5. 1905 (Schultz Jahrb. Bd. 2, S. 184, Nr. 83) ausdrücklich erklärt.

II. Von den zu I angeführten Beschränkungen macht das Gesetz zwei Ausnahmen:

1. § 6 Abs. 2 für den Vertrieb einzelner Arten von Wild aus Kühlhäusern, unter Kontrolle [1]) nach Minist.-Bestimmungen. Diese Ausnahme ist im Landtag eingefügt worden. Sie wurde in Petitionen von Interessenten erbeten (H.-H., S. 114), von Freutzel (H.-H., S. 66), desgl. v. Rheden (H.-H., S. 124) [2]), befürwortet. Im H.-H. wollte man zunächst nur der Verwaltungsbehörde gestatten, Ausnahmen zuzulassen (Bericht, H.-H., S. 6), im H. d. Abg. ging man weiter: die Kühlhäuser wurden kraft Gesetzes ausgenommen. Der Abg. v. Savigny wollte auf den Gemeindebezirk beschränken (S. 5904); dem widersprach der Abg. Fischbeck unter Darlegung der praktischen Undurchführbarkeit (z. B. in Berlin und Vororten, S. 5906 [3]).

<hr>

[1]) Auf Kosten der Inhaber der Kühlhäuser; Erhebung der Kosten zulässig in Form einer Gebühr nach Tarifen (§ 6, Abs. 2).

[2]) Er berichtete am 4. März 1904, daß ein Wildhändler in Hannover noch 8000, ein Hamburger Händler angeblich noch 12 000 Rehe in seinem Kühlhause vorrätig habe.

[3]) Vergl. die Ausführungsbestimmung der Minister des Innern, für Landw., für Handel und des Finanzministers vom 15. August 1904 (Danckelmann-Engelhard, S. 34 ff.; Bauer, S. 204 r; Schultz, S. 14). § 1. Für Elch-, Rot-, Dam-, Rehwild, Hasen. §§ 2, 3. Das Wild ist von dem Beauftragten der Ortspolizeibehörde am rechten Ohre mit einer Marke zu versehen: auf der einen Seite (dem Knopfe) preuß. Adler, erhaben geprägt, umgeben von der Bezeichnung des Orts der Ausgabe und Anbringung der Ohrmarke, auf der anderen Seite (flacher Platte) fortlaufende Nummer; die Marke ist so einzurichten und zu befestigen, daß sie vom Gehör nicht entfernt werden kann, ohne daß der Knopf zerstört wird. Die Polizeibehörde vermerkt in einer Liste, welche Nummer sie für jedes Kühlhaus verwendet hat, die Inhaber der Kühlhäuser führen Buch darüber, wann und an welchen Abnehmer und welche Nummer sie an den einzelnen Abnehmer abgegeben haben. — Von diesen Vorschriften kann durch die Landespolizeibehörde bei Hasen befreit werden. § 4. Handel mit dem aus einem Kühlhause kommenden Wilde vom Beginn des 15. Tages der Schonzeit der betr. Wildart bis zu dem Schlusse ist nur zulässig, wenn das Wild mit der Ohrmarke versehen und unzerlegt und unabgehäutet ist. § 5. Für jede Ohrmarke wird bei Anbringung eine von der Landespolizeibehörde festgesetzte tarifmäßige Gebühr erhoben, welche so zu bemessen ist, daß sie die Kosten der Erhebung nicht übersteigt. § 6. Die erforderlichen weiteren Ausführungsbestimmungen

2. Abf. 3 geftattet, einem mehrfach hervorgetretenen praktischen Bedürf=
niffe entfprechend, den Bezug von lebendem Wilde zum Zwecke der Blut=
auffrifchung oder Einführung einer Wildart[1] — nach Beftimmung des
Regierungspräfidenten des Empfangsorts.

Aus der Beftimmung zu b ergibt fich überdies zuverläffig, daß fich
die Befchränkungen des § 6 im allgemeinen auch auf lebendes Wild
beziehen[2].

III. Das weibliche Elch=, Rot=, Dam=, Rehwild hat längere
Schonzeit als das männliche. Um nun zu verhindern, daß weibliches Wild
als männliches in den Handel gebracht werde, verbietet § 7 vom Beginne
des 15. Tages nach eingetretener Schonzeit bis zum Ablaufe derfelben, un=
zerlegtes Elch=, Rot=, Dam=, Rehwild, bei welchem das Gefchlecht nicht
mehr mit Sicherheit zu erkennen ift, zu verfenden, zum Verkaufe
herumzutragen oder auszuftellen oder feilzubieten, zu verkaufen,
anzukaufen oder den Verkauf von folchem Wilde zu vermitteln[3].
— Der Entwurf hatte nur für Rot= und Damwild eine folche Beftimmung
vorgefehen; der Landtag dehnte auf Elch= und Rehwild aus[4]. Das
Gefetz von 1870 hatte keine folche Vorfchrift, wohl aber die J.=O. f. Hohenz.
für Rehwild (§ 17, Abf. 3: „Das Gefchlecht muß ftets erkennbar fein").[5]

IV. Von den Befchränkungen der §§ 6, 7 (vergl. oben zu 1, 3) macht
§ 8 (im wefentlichen in Übereinftimmung mit den Befchlüffen des H.=H. und
H. d. Abg. 1883/84, vergl. Begr., S. 19) Ausnahmen: a) für Wild,
welches im Strafverfahren befchlagnahmt ift, oder b) eingezogen
ift; c) nach zahlreichen gefetzlichen Vorfchriften darf Wild unter Umftänden
während der gefetzlichen Schonzeit erlegt werden, teils mit Genehmigung der
Behörde, teils auf Anordnung, teils ohne weiteres kraft Gefetzes (vergl. § 19,
Abf. 2, z. B. § 23 J.=P.=G.; vgl. unten § 9, II); auch in diefen Fällen
finden §§ 6, 7 keine Anwendung.

werden von der Landespolizeibehörde erlaffen. — Diefe Ausführungsbeftimmungen find
erweitert durch Beftimmungen vom 1. Dez. 1904; vgl. auch Allg. Verf. v. 23. Dez. 1904.
(Abgedruckt Dtfch. Forft=Ztg. 1905, S. 721.)

[1] Für diefe Neuerung ift meines Wiffens namentlich der frühere Landforftmeifter
Waechter ftets eingetreten.

[2] Früher zweifelhaft (namentlich nach der Begr. zum Gef. v. 1870, vergl. Grofchuff,
Die Preuß. Strafgef., zu § 7, Anm. 3), aber fchon vom Kammergerichte Berlin an=
genommen, Johow, Jahrb., Bd. 16, S. 408 (vergl. Bauer, W.=Sch.=G., S. 29).

[3] Das „Frifieren" als folches ift noch nicht ftrafbar; es muß verfenden u. f. w.
hinzukommen.

[4] Für den Entwurf kam Elch= und Rehwild nicht in Frage, da die Schonzeit
für männliches und weibliches Wild an demfelben Tage begann (Begr., S. 18).

[5] Früher halfen im Gebiete des Gef. von 1870 Polizei=Verordnungen; vgl. z. B.
die V. des Oberpräf. von Sachfen v. 13. 6. 1890 für Rot=, Dam= und Rehwild. Vgl.
Kammerrat Dickel, Forft= und Jagdfchutz in der Provinz Sachfen 1904, S. 165, Nr. 260.

Wer solches Wild in ganzen Stücken oder zerlegt versendet, zum Verkaufe herumträgt oder ausstellt oder feilbietet, verkauft oder den Verkauf von solchem Wilde vermittelt, muß mit einer Bescheinigung der Ortspolizeibehörde oder des von ihr mit Genehmigung des Landrats[1]) zur Ausstellung einer solchen ermächtigten Gemeinde- (Guts-) Vorstehers versehen sein. Die Ausf.-Best. bemerkt, daß von dem Beamten „mit äußerster Vorsicht zu verfahren sei." — Die Bescheinigung muß nach einer vom H.-H.[2]) eingefügten Vorschrift, stets befristet sein, d. h. auf eine gewisse Zeit lauten, und verliert also mit Ablauf dieser Frist ihre Giltigkeit. So soll eine widerrechtliche Verwendung der Bescheinigung möglichst verhindert werden; ohne die Befristung wäre es leichter möglich, die Bescheinigung nicht nur für das Wild, für das sie ausgestellt war, sondern auch für gesetzwidrig erlegtes Wild zu verwenden. — Der Käufer muß sich die Bescheinigung vorzeigen lassen. Andernfalls ist er nach § 16, Abf. 1, zu bestrafen; ob auch dann, wenn die Bescheinigung wirklich erteilt, die Vorzeigung nur nicht verlangt wurde, ist streitig. Die meisten bejahen; Bauer verneint, m. E. mit Recht.

Die Anweisung erklärt es für statthaft, die Frist durch Polizeiverordnung zu bestimmen oder im Aufsichtswege für den Verwaltungsbezirk einheitlich vorzuschreiben.

V. Ursprungsschein bei Versendung war im früheren W.-Sch.-G. nicht vorgeschrieben. In den meisten Provinzen bezw. Bezirken ist aber der Wildversand durch Polizeiverordnung geregelt worden. Leider hat das Kammergericht eine Zeit lang diese Verordnungen für unzulässig und nichtig erklärt (Johow, Jahrb., Bd. 24, S. C. 52). In Ostpreußen traf § 24, Tit. XIV, der Forstordn. f. Ostpr. und Littauen vom 3. Dezember 1775, für Hannover § 31 der J.-D. vom 11. März 1859 Bestimmung; ob aber § 24 noch galt, war zweifelhaft, jedenfalls waren sowohl § 24 wie § 31 zur Schaffung einer zulänglichen Kontrolle des Versands nicht ausreichend (Begr., S. 19). Neuerdings hat das Kammergericht jene Polizeiverordnungen wieder für giltig erklärt, nachdem es sich erfreulicherweise davon überzeugt hatte, daß die Verordnungen zum Schutze des Jagdrechts gereichten und letzteres ein Bestandteil des Grundeigentumsrechts sei (Johow, Jahrb., Bd. 26, S. C. 30); daß Polizeiverordnungen zum Schutze des Eigentums zulässig sind, ist zweifelsfrei (vergl. § 6, zu a des Ges. v. 11. März 1850 über die Polizeiverwaltung).

[1]) Der Entwurf erachtete eine Ermächtigung der Ortspolizeibehörde für „unbedenklich" genügend, Begr., S. 19; das H.-H. aber hielt die Ortspolizeibehörde „nicht immer für unabhängig genug, um einem hierzu ungeeigneten Gemeinde- oder Gutsvorsteher die Berechtigung zur Ausstellung solcher Bescheinigungen zu versagen"; deshalb wurde die Ermächtigung des Landrats an die Stelle gesetzt (Komm.-Ver., S. 6, 7).

[2]) Vergl. Bericht der Komm., S. 7.

Die J.-O. f. Hohenz. (§ 17, Abf. 2, 5) verlangt Beifügung eines orts=
polizeilichen Ursprungsscheins nach näherer Vorschrift des Regierungs=
präfidenten zu Sigmaringen; diefer darf bezüglich einzelner Wildarten
und bezüglich des über die Landesgrenze eingehenden Wildes Ausnahmen
zulaffen. Im Anschluß hieran verlangt § 9 des neuen W.-Sch.-G. zum
Zwecke einer „wirkfamen Bekämpfung der Wilddieberei" (Begr.,
S. 19) den Ursprungsschein bei Wildverfand [1]) nach näheren Vorschriften
von Polizeiverordnungen der Oberpräfidenten oder Regierungspräfidenten;
hierbei kann bezüglich kleinerer Wildarten von dem Erforderniffe des Scheins
abgefehen werden.

In diefer Polizeiverordnung wird, nach der Anweif., befondere Auf=
merkfamkeit der Frage zuzuwenden fein, wie ein Mißbrauch der ausgestellten
Bescheinigung durch nochmalige Verwendung zu verhindern fei.

Der Entw. gestattete Ausnahmen für „einzelne Wildarten". Die
Komm. des H.-H. beschränkte (Bericht, S. 7) einstimmig auf kleinere Wild=
arten. Bedenken gegen das gefetzliche Verlangen des Ursprungsscheines bei
Erzeugniffen der niederen Jagd, namentlich bei Hafen und Rebhühnern,
traten in der Komm. d. H. d. Abg. hervor, der Verkauf derartigen Wildes
werde von den Wilddieben unter der Hand beforgt, wobei die Abnehmer
felten darüber im Zweifel feien, daß es fich um gewilddiebtes Wild handle;
fomit werde die beabfichtigte Wirkung durch die Vorschrift der Ursprungs=
zeugniffe nicht erreicht, andererfeits handle es fich für den Jagdberechtigten
um eine große Beläftigung; ein Antrag, die Hafen und Rebhühner auszu=
nehmen, wurde aber abgelehnt. Im Plenum äußerte der Abg. Fischbeck
(S. 5035) Bedenken, er erklärte es für richtiger, den Schein für die Regel
auszuschließen und nur dann, wenn ein bestimmter Fall vorliege, wenn in
größeren Mengen Wilddieberei getrieben werde, den Schein für eine folche
Zeit des Bedürfniffes zuzulaffen; er beantragte (S. 5909), Hafen und
Rebhühner auszunehmen; der Antrag wurde, nachdem der O.-L.-F.-M.
Wefener Widerspruch geäußert und es für beffer erklärt hatte, die Ent=
scheidung dem Regierungspräfidenten zu überlaffen, abgelehnt (S. 5910).

Selbstverständlich kommt nur jagdbares Wild in Frage, aber alles
auch das nicht mit Schonzeit bedachte Wild (Bauer, 3. Aufl., S. 198 zu 2).
Auf Eier bezieht fich § 9 nicht.

Die Pol.-Verordn. müffen die Versendung, d. h. den Verkehr von Ort
zu Ort regeln, § 9, Abf. 2; fie können aber auch Bestimmungen für den
Handel mit Wild an demfelben Orte treffen (Anweif., Nr. 6, Abf. 2),
vgl. § 6 c des Gef. v. 11. März 1850 über die Pol.-Verwaltung.

Die Anweif. weist die Ober= und Regierungs=Präfidenten auf die
früheren Polizeiverordnungen hin und erfucht um Prüfung, ob und inwie=

[1]) Das W.-Sch.-G. befeitigt damit für die Zukunft die in der Rechtfprechung des
Kammergerichts zu Tage getretene Unficherheit (vergl. Fürft zu Dohna, H.-H., S. 114).

weit sie abzuändern seien; für die anderen Bezirke (namentlich Hannover und Ostpreußen) sind Verordnungen zu erlassen. Im Interesse der Einheitlichkeit sollen die Verordn. für den gesamten Umfang der Provinzen und nur da, wo innerhalb der Provinz so verschiedenartige Verhältnisse vorliegen, daß ihre Berücksichtigung erforderlich ist, sollen Regierungsbezirksverordnungen erlassen werden.

Vgl. die für die Postanstalten ergangene Zirkular-Verf. vom 9. August 1873 (M.-Bl. f. i. V., S. 274), ferner die Zirkular-Verf. f. d. Eisenbahnen betr. Rot-, Dam-, Rehwild vom 30. August 1873 (M.-Bl. f. i. V., S. 274); Danckelmann-Engelhard zu § 9, Anm. 3.

VI. Die Vorschriften der §§ 6 bis 9 gelten auch für das in „eingefriedigten Wildgärten" erlegte oder gefangene Wild. Vgl. unten § 10.

§ 6.

Schutz der Jagd gegen schädliche Vögel.

Das R.-V.-Sch.-G. vom 22. März 1888 verordnet zu Gunsten der Vögel verschiedene Schutzmaßregeln: Schutz der Nester, Eier und Jungen durch Verbot des Zerstörens und Ausnehmens (§ 1); Verhinderung des Massenfangs (§ 2); namentlich aber Schonzeit vom 1. März bis 15. September (Verbot des Fangens, Erlegens sowie des Feilbietens und Verkaufs toter Vögel); der Bundesrat kann auch weitergehen (§ 3). Nach § 8 sind außer den im Privateigentume stehenden und den jagdbaren Vögeln noch 14 überwiegend schädliche Vogelarten ausgenommen; diese erfreuen sich des gesetzlichen Schutzes nicht. Es gibt aber noch andere Vögel, welche dem jagdbaren Feder- und Haarwilde und dessen Brut und Jungen, sowie Fischen und deren Brut nachstellen, so namentlich die Störche. Solche Vögel dürfen gemäß § 5 des R.-V.-Sch.-G. nach Maßgabe der landesgesetzlichen Bestimmungen über Jagd und Fischerei von den Jagd- oder Fischereiberechtigten oder deren Beauftragten getötet werden. „Während nun", so bemerkt die Begründ., „nach § 45 des Fischereigesetzes vom 30. Mai 1874 (30. März 1880) dem Fischereiberechtigten gestattet ist, Fischottern, Taucher, Eisvögel, Reiher, Kormorane, Fischaare ohne Anwendung von Schußwaffen zu töten und zu fangen, fehlt eine solche Bestimmung in der Jagdgesetzgebung; die Folge ist, daß die Ausnahme von dem Schutze des Vogelschutzgesetzes nicht praktisch werden kann, was sich besonders bezüglich des schwarzen und weißen Storches fühlbar macht, indem dieser für die Jagd oft sehr nachteilige Vögel in der Zeit vom 1. März bis 15. September, also in der Zeit, in der er sich in Deutschland aufhält, nicht erlegt werden darf, das gleiche gilt von manchen Eulenarten."

Der § 11 des neuen Wildschongesetzes gestattet nun dem Bezirksausschuß, für den Umfang des ganzen Regierungsbezirks oder einzelne

Teile des letzteren diejenigen nicht jagdbaren Vögel zu bezeichnen, auf welche die Ausnahmebestimmung des § 5, Abs. 1, des R.=V.=Sch.=G. dauernd oder vorübergehend Anwendung finden darf. Vielleicht hätte man noch weitergehen und gesetzlich allgemein den Jagdberechtigten, ebenso wie in der angeführten Bestimmung des Fischereigesetzes zu Gunsten des Fischerei= berechtigten geschehen ist, die Befugnis zum Erlegen der schädlichen Vögel einräumen können; die Begründ. bemerkt aber, daß zu einer so weitgehenden Vorschrift kein Bedürfnis vorhanden und daß es richtiger sei, die Ent= scheidung dem Bezirksausschusse zu überlassen. Bauer (3. Aufl., S. 200, Abs. 2) bedauert diese Partikularisierung: eine Vermehrung der jagdlichen Ungleichheiten sei gegen das Interesse der Jägerwelt, zumal der Einzelne nicht selten in die Lage komme, in den verschiedensten Gegenden Preußens während eines Jahres zu jagen.

Nach § 12 W.=Sch.=G. ist die Entscheidung des Bezirksausschusses end= giltig (vgl. oben § 2 gegen Ende).

Wie steht es nun mit der Schonzeit des Storchs? Nach früherem Rechte waren die Ansichten verschieden; m. E. war ihm im Gebiete des W.=Sch.=G. von 1870 eine Schonzeit strafgesetzlich für Mai und Juni ge= sichert (vgl. „Zeitschr. f. Forst= u. Jagdwesen", 1898, Bd. 30, S. 609 ff.). Jetzt liegt die Sache anders. Es kommt darauf an, ob und inwieweit der Bezirksausschuß ihn für vogelfrei erklärt. Trifft der Bezirksausschuß keine Bestimmung, so hat der Storch nach R.=V.=Sch.=G. Schonzeit vom 1. März bis 15. September. Möglich wäre es, den Storch der vollständigen Ver= nichtung preiszugeben. Im H. d. Abg. trat Eckert für ihn ein; der Storch sei nicht so schlimm, auch sei es ein schlimmer Mißbrauch des Gastrechts, wenn wir den Storch, der im Vertrauen auf unsere Gastlichkeit aus dem Süden hierher komme, um bei uns Sommerfrische zu genießen, töten, und schließlich verdankten wir doch dem Storche unser Dasein (S. 5911). Der D.=L.=F.=M. Wesener fand diese Begründung doch etwas schwach, erklärte den Storch namentlich den Fasanerien für sehr gefährlich, deshalb müsse für gewisse Bezirke die Möglichkeit gegeben sein, ihn „preiszugeben"; er versprach aber, tunlichst dahin zu wirken, daß über die Grenze nicht hinausgegangen werde. Die Anweis. verlangt, die neue Bestimmung nicht zur allgemeinen Ausrottung des Storchs auszunutzen, sondern nur zur An= wendung zu bringen, wenn er wirklich eine ernste Gefahr für das jagdbare Feder= und Haarwild bedeute.[1]

§ 7.

Strafen.

Maßgebend waren auch hier ursprünglich die Provinzialgesetze, welche sehr hohe Strafen androhten. Die V. v. 18. Mai 1839 ermäßigte

[1] Vgl. Hans Joachim: Der Storch und sein Recht, Neue Forstl. Bl. 1905, S. 11 ff., 17 ff.

die „hohen Strafen" der Holz=, Mast= und Jagdordnung für das Herzogtum Magdeburg und das Fürstentum Halberstadt[1]) vom 3. Oktober 1743 als „den veränderten Verhältnissen nicht mehr entsprechend". Die Verordn. v. 9. Dezember 1842 verallgemeinerte dies, „da sich das Bedürfnis zu einer solchen Strafermäßigung auch in allen übrigen Landesteilen herausgestellt hatte"; diese V. stimmt fast vollständig mit der V. von 1839 überein.

Das neue W.=Sch.=G. gibt die Strafbestimmungen in §§ 13, 15 bis 18:

I. Wer ein Tier während der Schonzeit „erlegt" oder „einfängt", wird nach § 13 mit einer absolut bestimmten Geldstrafe belegt.

Die Strafen entsprechen in der Hauptsache den bisherigen Gesetzen. Bei mehreren Tierarten ist aber die Strafe nicht unerheblich erhöht, bei

		Nach V. v. 9. Dez. 1842	Nach Ges. v. 26. Febr. 1870 und Novelle[2])	Nach der J.=O. für Hohenz.	Nach dem Entw. zum neuen W.=Sch.=G.	Nach dem neuen W.=Sch.=G.
		Mk.	Mk.	Mk.	Mk.	Mk.
1	Elchwild	150	150	—	150	150
2	Rotwild	90	90	90	90	150
3	Damwild	60	60	60	60	100
4	Biber			—	30	100
5	Rehwild	30	30	30	30	60
6	Auerwild	30	30	30	30	30
	Schwan	30	30	—	30	30
	Trappe		9		10	30
7	Dachs	15	15	10	10	10
	Hase	12	12	10	10	10
	Birk= oder Haselwild .	9	9	10	10	10
	Schnepfe	6	6	5	10	10
	Fasan	30	30	30	10	10
8	Rebhuhn	6[3])	6	5	5	5
	Schott. Moorhuhn . .		6[5])	5	5	5
	Wachtel			5	5	5
	Wilde Ente	6	6	5	5	5
	Kranich, Brachvogel, Wachtelkönig od. sonst. jagdbare Sumpf= oder Wasservögel	[4])	6	5	5	5
9	Drossel (Krammetsvogel)	—	—		2	2
	Wildtaube			5		—

¹) Die Strafen waren nach Hahn, Das Preuß. Jagdrecht, 1836, S. 70, in Talern angegeben, beim Rothirsch 500 (Tier 400), Damwild 300, Wildkalb 200, Rehwild 100, Hase 50, Schwan 75, Trappe, Auerwild, Birkwild, Fasan je 50, Rebhuhn, Haselhuhn je 150 u. s. w. Ebenso in der Mark. Nach den übrigen Provinzialrechten waren die Strafen — zum Teil erheblich — niedriger.

²) Nach dem Jagdschonges. f. Hohenz. vom 2. Mai 1853, welches bis zur J.=O. von 1902 galt, waren die angedrohten Strafen ungefähr die gleichen: Rotwild 45 Gulden, Damwild 30, Rehwild 15, Hase 6, Dachs 7, Fasan 15, Haselhuhn 5, Rebhuhn 3 Gulden.

³) Publikandum vom 7. März 1843 (in der V. vom 9. Dezember 1842 war das Rebhuhn infolge eines bei der Redaktion vorgefallenen Schreibfehlers fortgeblieben).

⁴) Die V. vom 9. Dezember 1842 nennt hier nur die wilde Gans: 6 Mk.

⁵) Nach Gesetz vom 15. April 1902.

einigen wenigen ist sie herabgesetzt; die Erhöhungen sind durch das H. d. Abg. veranlaßt worden.

Im H.-H. hatte Graf Haeseler mehrere Straferhöhungen beantragt, so namentlich die der Strafe bei Rehen von 30 Mk. auf 50 Mk.; dieser Antrag wurde im H.-H. abgelehnt. Das H. d. Abg. aber hielt die Erhöhung für erforderlich und ging über den Antrag des Grafen Häseler noch hinaus.

In der Komm. des H. d. Abg. war eine Erhöhung der Strafe für Elchwild auf 300 Mk. beantragt; der Antrag wurde aber abgelehnt, nachdem der Regierungsvertreter darauf aufmerksam gemacht hatte, daß diese Strafe, weil 150 Mk. übersteigend, aus dem Rahmen der Übertretungen falle.

Das W.-Sch.-G. von 1870 bedrohte entsprechend der V. v. 9. Dezember 1842 das „Töten“ oder „Einfangen“, ebenso J.-O. f. Hohenz., § 24; das neue Gesetz geht weiter: beim „Erlegen“ braucht das Tier nicht getötet zu sein; es genügt eine Verletzung, die es verhindert, sich dem Jäger zu entziehen. Vgl. Danckelmann-Engelhard zu § 13, Anm. 3. Von „Erlegen und Einfangen“ sprach bereits § 28 der J.-O. f. Hannover v. 11. März 1859.

II. Nach dem W.-Sch.-G. von 1870 durfte der Richter bei mildernden Umständen auf eine Geldstrafe bis zu 3 Mk., nach der J.-O. für Hohenz. darf er bis zu 1 Mk. herabgehen. Auch das neue W.-Sch.-G. gestattet eine mildere Bestrafung bei mildernden Umständen und zwar kann bei Elch-, Rot-, Damwild und Biber bis auf 15 Mk., bei Reh-, Auerwild, Trappe, Schwan bis auf 5 Mk., im übrigen bis auf 1 Mk. herabgegangen werden.

Früher war es streitig, ob die Ermäßigung nur für jedes einzelne Stück stattfand oder ohne Rücksicht auf die Stückzahl. Das neue Gesetz entscheidet diesen Streit zu Gunsten der ersteren Meinung.

Der im H.-H. (4. März, S. 176) vom Grafen Häseler gestellte Antrag auf Streichung der Zulassung mildernder Umstände wurde nach dem Widerspruch des Justizministers Schönstedt abgelehnt.

III. Nach fester Rechtsprechung des Kammergerichts (17. November 1884, Johow, Bd. 5, S. 328; 17. November 1895, Johow, Bd. 17, S. 411) und nach der Meinung der meisten Schriftsteller mußte früher die Strafe des W.-Sch.-G. den Jäger auch dann treffen, wenn er, obwohl der Jagdausübungsberechtigte, während der Schonzeit ein totkrankes Tier tötete, um es von seinen Qualen zu befreien. In der Komm. des H. d. Abg. wurde die Frage angeregt, ob nicht bei „angeschossenem oder kümmerndem Wilde“ eine Ausnahme zu machen sei; der Vertreter der Staatsregierung erklärte dies aber für unmöglich, da sonst Mißbrauch zu befürchten sei. Das Gesetz selbst enthält keine bestimmte Vorschrift. Schon sehr oft habe ich in der „Zeitschr. f. F. u. Jagdw.“, wenn es sich um die hier wieder aufgeworfene

Frage handelte, an den gesunden Menschenverstand Berufung eingelegt. Von diesem Standpunkt aus habe ich stets die Zulassung der Tötung des totkranken Tieres durch den Jagdausübungsberechtigten für zulässig erklärt. Das hat aber weder auf das Kammergericht, noch auf die mir entgegenstehenden Schriftsteller Eindruck gemacht. Ich nehme es als ein persönliches Mißgeschick hin, daß ich den Standpunkt des Kammergerichts nicht fassen kann; ich tröste mich aber in der Hoffnung, daß es dem einen oder anderen deutschen Jäger ebenso geht wie mir. Übrigens stehe ich auch nicht allein unter den Juristen: vgl. Dalcke, Jagdrecht, S. 87, Stelling, Hannovers Jagdrecht, S. 216, Anm. 10. Wenn letzterer unter Bezugnahme auf die Entsch. des Kammergerichts vom 17. November 1884, Bd. 5, S. 330, 331, die Tötung mit Genehmigung der Jagdpolizeibehörde für zulässig erachtet, so kann ich dem nicht zustimmen; denn beim Mangel einer gesetzlichen Sonderbestimmung ist entweder die Tötung gesetzlich erlaubt — alsdann bedarf es der polizeilichen Erlaubnis nicht — oder verboten, — alsdann kann die polizeiliche Erlaubnis nichts ändern. (Vgl. jetzt auch Stelling Jagdges., S. 357.)

In der Entsch. vom 22. Februar 1874 (Johow, Bd. 15, S. 303) erklärt das Kammergericht das Einfangen eines kranken Tieres während der Schonzeit, um es zu heilen, für zulässig: das Gesetz sage, von der Jagd seien zu verschonen . . .; es sei im gesetzten Falle keine Jagd; eine solche sei nur anzunehmen, wenn die Absicht bestehe, das Tier für sich oder andere in Besitz zu nehmen. Das soll wohl heißen: Aneignungsabsicht. Darauf kommt es nach dem Gesetze nicht entscheidend an, wenn es sich um Töten oder Einfangen handelt; denn gewiß verletzt auch der das W.-Sch.-G., der ein Tier nur erlegt und seiner ursprünglichen Absicht gemäß liegen läßt.

Erlegen und Einfangen sind im Gesetze ganz gleich behandelt. Ist das Erlegen eines totkranken Tieres unzulässig, so gilt dasselbe vom Einfangen zum Zwecke der Heilung. Letzteres ist aber doch offenbar vom Standpunkte der gesetzgeberischen Absicht zulässig; denn es geschieht gerade zum Zweck der Schonung. Steht nun Erlegen gleich, so muß auch hier Zulässigkeit angenommen werden. Natürlich gilt dies nur bei unheilbar kranken Tieren. In manchen Fällen ist dies unzweifelhaft sofort festzustellen, z. B. gegebenenfalls bei dem vom Hunde zerrissenen Tiere. Es wäre eine Inhumanität und also eine Unsittlichkeit, das Tier seinen ferneren Qualen zu überlassen. Wie kann man annehmen, daß das Recht, das doch ein Teil der Sittlichkeit ist, uns zu einer solchen Unterlassungssünde nötige. Ich empfehle allen Waidmännern, sich auf diesen Standpunkt der Humanität zu stellen und würde mich freuen, wenn ich recht viele durch diese meine Zeilen dazu anstiften würde. Sollte ich mit einer Anklage wegen Anstiftung zur Übertretung des W.-Sch.-G. bedacht werden, so werde ich mich in meiner Verteidigungsschrift mit einigen weiteren Druckbogen über das Verhältnis von

Moral zu Recht und über Gesetzesauslegung äußern und würde mich der Hilfe aller Tierschutzvereine versichert halten.

Ein Mißbrauch ist durchaus nicht zu befürchten. Die Tötung ist nur bei einem totkranken Tier, das nicht mehr zu heilen ist, gestattet[1]).

IV. § 15 gibt eine ergänzende Strafbestimmung von größter praktischer Bedeutung. Hiernach wird mit Geldstrafe bis zu 150 Mk. bestraft, wer innerhalb der Schonzeit auf die durch diese geschützten Tiere „die Jagd ausübt, ohne sie zu erlegen oder einzufangen"[2]).

Hier ist zunächst die Frage aufzuwerfen: was ist Jagdausübung? Um diese Frage zu beantworten, muß die Vorfrage nach dem Begriffe der Jagd gestellt werden. Die Antwort darf meiner Ansicht nach nur auf Grund des W.-Sch.-G. mit wissenschaftlichen Mitteln gefunden werden. Sonderbestimmungen der einzelnen Jagdgesetze[3]) über den Begriff der Jagdausübung sind für Anwendung des § 15 nicht maßgebend.

Als Gegenstand der Jagd kommen jagdbare, zum Teile auch nicht jagdbare Tiere in Betracht; letztere, soweit es waidmännisch üblich ist; so sprach man überall von Fuchsjagden auch da, wo der Fuchs nicht jagdbar war; so wird man auch heute von Kaninchenjagden sprechen dürfen, obwohl die wilden Kaninchen nicht mehr jagdbar sind[4]); in diesem weiteren Sinne wurde das Wort „Jagd" in mehreren Vorschriften des A. L.-R. gebraucht und ist es möglicherweise auch im Sinne des § 368[10] St.-G.-B. zu nehmen[5]). Als Gegenstände der Jagd im weitesten Sinne sind auch Fallwild und Geweihe, soweit sie dem ausschließlichen Aneignungsrechte des Jagdausübungsberechtigten unterworfen sind, zu nehmen; so nach fester Rechtsprechung, insbesondere des Reichsgerichts, im Sinne der §§ 292 ff. St.-G.-B. über Jagdvergehen, dagegen aber gewiß nicht im Sinne des Jagdscheingesetzes.

---

[1]) Selbstverständlich ist der Handel mit solchem Wilde nach §§ 6, 7, 9, 10, 16 W.-Sch.-G. verboten.

[2]) Das W.-Sch.-G. von 1870 hatte keine solche ergänzende Vorschrift. Erfreulicherweise nahm das Kammergericht in fester Rechtsprechung an, daß ergänzende Vorschriften der älteren Partikulargesetze, namentlich § 18 Abs. 2 des J.-P.-G. vom 7. März 1850, in Kraft geblieben seien. Vgl. Johow, Jahrb, Bd. 1, S. 221, Bd. 11, S. 290. Dalcke, S. 88, Anm., Schultz-v. Scherr-Thoß, S. 59, Anm. 16. Die Richtigkeit dieser Auslegung aber war bestritten, vgl. Wagner, S. 122; auch galt das Ges. von 1850 nicht im ganzen Gebiete des W.-S.-G. (Forstw. Zentralbl. 1904, S. 359).

[3]) Z. B. Art. 30 des Frankfurter Ges. v. 20. August 1850 „Zur Ausübung der Jagd wird jeder angesehen und als solcher behandelt, welcher mit Jagdgerätschaften versehen von der Landstraße abweicht; dem Polizeiamte bleibt vorbehalten, nach Bedürfnis weitere, den Landstraßen gleich zu achtende Verbindungswege zu bestimmen."

[4]) Vgl. Dickel, Lehrb. d. bürg. R. f. Forstm., S. 489 und in der Zeitschr. f. Forst- u. Jagdw., Bd. 26 (1894), S. 38 ff.

[5]) Vgl. vorige Anm.

Aus dem Gesagten ergibt sich bereits, daß das Wort „Jagd" in den verschiedenen Gesetzen verschieden gebraucht wird. Eine nach allen Seiten erschöpfende Untersuchung ist hier nicht erforderlich; es muß genügen, den Begriff nach dem neueren W.=Sch.=G. festzustellen.

Als Gegenstände der „Jagd" im Sinne des W.=Sch.=G. kommen nur Tiere, und zwar nur die durch das W.=Sch.=G. geschützten jagdbaren Tiere, in Betracht (§§ 2, 13, 15, Nr. 1); diese auch nur solange sie noch herrenlos sind. Bei der Jagd auf jagdbare Tiere handelt es sich um Ausübung des Jagdrechts. Dieses ist nach den in Preußen maßgebenden Gesetzen, insbesondere nach dem Ges. vom 31. Oktober 1848, ein Ausfluß des Grundeigentums. Die Verfolgung von Tieren, die bereits im Eigentum jemandes stehen, ist nicht Jagd im technischen Sinne; eine Verfolgung solcher Tiere durch den Berechtigten ist ein Ausfluß des Eigentums am Tiere. So behandelt z. B. das A.L.=R. die Jagd I, 9, §§ 127 ff., unter „Tierfang" beim Erwerbe des Eigentums durch Besitznehmung und II, 16, §§ 30 ff., das Jagdregal unter den Rechten „auf herrenlose Sachen".

Fragt man weiter nach der zur Jagdausübung erforderlichen Handlung, so kommen in Frage:

    a) Verfolgung und Erlegung (namentlich Tötung), sowie Verfolgung und Einfangen (Verfolgung mit dem Erfolge des Erjagens);

    b) Erlegung oder Einfangen ohne vorherige Verfolgung;

    c) Verfolgung ohne Erlegung und ohne Einfangen (d. h. Jagen ohne Erjagen).

In jedem dieser 3 Fälle (zu a bis c) sind wieder 2 Möglichkeiten zu unterscheiden:

    α) zum Zwecke der Aneignung (Okkupation),

    β) ohne solchen Zweck.

„Aneignung" ist eine Eigentumserwerbsart. § 958, Abs. 1, B.=G.=B.:

    „Wer eine herrenlose bewegliche Sache in Eigenbesitz nimmt, erwirbt das Eigentum an der Sache."

Im Falle zu a handelt es sich unzweifelhaft, wie allseitig anerkannt ist, um eine Jagd im technischen Sinne, und zwar ohne Rücksicht auf Aneignungsabsicht. Im Falle b herrscht Streit. Dalcke, S. 205 ff., 207, verneint hier den Jagdbegriff; m. E., wie ich bereits in „Ztschr. f. Forst= und Jagdw.", 1904, S. 733, 734, bemerkt habe, mit Unrecht. Auf diese Streitfrage hier näher einzugehen, erübrigt, da das W.=Sch.=G. im § 13 ganz zweifelsfrei alle Fälle zu a und b berücksichtigt, indem es schlechthin Erlegen und Fangen unter Strafe stellt.

Nach § 13 wird gewiß auch der zu bestrafen sein, der ohne ein jagd=
bares Tier verfolgt zu haben, es zufällig sieht und tot schießt, ohne es
sich aneignen zu wollen; das einfache „Erlegen" genügt. Dies
entspricht offenbar der gesetzgeberischen Absicht, nach welcher es nicht darauf
ankommt, das Aneignungsrecht, sondern die Erhaltung und Vermehrung
der Art zu sichern.

Schwieriger ist die Feststellung des Begriffs des „Einfangens".
Hierbei fragt es sich zunächst, ob der einfache Fang genügt, z. B. um
das Tier zu besichtigen, aus naturwissenschaftlichem Interesse oder etwa aus
Neugierde. M. E. ist dies vom Standpunkte der gesetzgeberischen Absicht
zu verneinen. Allerdings wird es nicht notwendig auf Aneignungsabsicht
ankommen. Gewöhnlich wird solche vorliegen, wenn nicht blos nur eine
vorübergehende Besitzhandlung vorliegt; es ließe sich aber der Fall denken,
daß jemand das Tier dauernd der Freiheit beraubte, ohne es sich anzu=
eignen. In solchem Falle wäre § 13 W.=Sch.=G. verletzt. Ob andererseits
§ 13 zur Anwendung kommt, obwohl eine dauernde Freiheitsentziehung
stattfindet, wenn das Tier mittels Einsprungs in einen Wildpark eingefangen
wird, davon unten im § 10.

Nach § 13 sind auch die Teilnehmer einer Parforcejagd strafbar, wenn
sie ein herrenloses Wild während der Schonzeit verfolgen und erlegen, z. B.
Hasen am 30. September, nicht dagegen, wenn ein im Eigentume befindliches
jagdbares Tier zum Zwecke der Parforcejagd in Freiheit gesetzt und unver=
züglich verfolgt wird [1]).

Erheblichere Zweifel entstehen bei Feststellung des obigen Falles zu c.
Zu unterscheiden ist, wie zu a und b, Verfolgung mit Aneignungsabsicht
und ohne solche. Im ersteren Falle liegt, wie allseitig anerkannt ist, Jagd=
ausübung vor. Zur Bestrafung führt hiernach namentlich der auf ein
Stück Schonwild in Aneignungsabsicht abgegebene Fehlschuß. A. und B.
schießen während der Schonzeit auf ein Reh, ohne es zu treffen; beide sind
nach § 15, Nr. 1, zu bestrafen. Oder: Das Reh wird durch einen der
beiden Schüsse getötet, durch wessen Schuß, läßt sich nicht feststellen; hier ist
weder A. noch B. nach § 13 zu bestrafen, beide aber nach § 15, Nr. 1
(vergl. Erk. d. Kammergerichts bei Johow, Bd. 11, S. 290).

---

[1]) § 960, Abs. 2, B.=G.=B.: „Erlangt ein gefangenes wildes Tier die Freiheit wieder,
so wird es herrenlos, wenn nicht der Eigentümer das Tier unverzüglich verfolgt oder
wenn er die Verfolgung aufgibt." Vergl. hierzu die treffenden Ausführungen von
Stelling im Verwaltungsarchiv, Bd. 6, S. 48 ff. — So wichtig die von Stelling
für die Frage der Notwendigkeit eines Jagdscheins erörterte Frage ist, so wenig kommt
sie für die Anwendung des W.=Sch.=G. in Frage, da in Deutschland meines Wissens
meistens nur Wildschweine durch Parforcejagd gejagt werden, für diese aber keine
Schonzeit festgesetzt ist.

Auch das Absuchen, Pürschen [1]), Stehen auf dem Anstande [2]), selbst dann, wenn das Gewehr noch nicht schußfertig ist [3]), führen zur Bestrafung [4]), falls nur die Absicht des Jagens, ein Stück Schonwild zu erlegen, äußerlich erkennbar ist. Auf die Verfolgung eines bestimmten Tieres kommt es nicht an. Was oben von der Parforcejagd gesagt ist, soweit es sich um eine Verfolgung herrenlosen Wildes handelt, gilt auch hier in dem Falle der Erfolglosigkeit der beabsichtigten Erlegung des durch Schonzeit geschützten herrenlosen Tieres.

Liegt nun aber eine nach W.-Sch.-G., § 15, strafbare Jagdausübung in der Verfolgung des Schontieres ohne Absicht der Erlegung, des Einfangens, der Aneignung, z. B. wenn es nur aufgescheucht wird, aus Neugierde, aus Mutwillen, oder sonstwie, nur beunruhigt wird? Kein Schriftsteller äußert eine so weitgehende Auslegung irgend eines von Jagdausübung sprechenden Gesetzes. Mit Recht! Wer sich jener Beunruhigung eines jagdbaren Tieres schuldig macht, „übt die Jagd nicht aus"; er bedarf deshalb keines Jagdscheins, er ist nicht schuldig des Jagdvergehens; er ist nicht schuldig der Übertretung der Gesetze oder Verordn. über Verbot der Sonntagsjagd, wenn er jene Beunruhigung während des Gottesdienstes verübt hätte; er ist nicht strafbar nach dem W.-Sch.-G. Wollte man das Gegenteil annehmen, so würde der harmlose Spaziergänger mit Regenschirm oder Stock im Walde außerhalb der öffentlichen Wege gegen § 368 [10] Str.-G.-B. verstoßen; denn er wäre „zur Jagd ausgerüstet", insofern der Schirm oder Stock ein zur Beunruhigung des Wildes geeignetes Mittel wäre.

Nun unterliegt es allerdings keinem Zweifel, daß das Jagdrecht nicht im Aneignungsrecht aufgeht, daß es vor allem auch das Recht umfaßt, die jagdbaren Tiere „zu halten und zu hegen"; so v. Anders, Das Jagd- und Fischereirecht, S. 23; Ziebarth, Forstrecht, S. 291; v. Brünneck, Schädigung der Jagd durch Truppenübungen, in Gruchots Beitr. 43, S. 90 ff.; Bauer, 3. Aufl., S. 10; Frhr. v. Haerdtl, Grundbegriffe des Jagdrechts, S. 7 ff.; Wirschinger, S. 28 „jagdwirtschaftliche Hege", S. 250. So auch einige Jagdgesetze, z. B. A. L.-R., § 147 I 9, das Niederösterreichische J.-G.

Demgemäß betrachtet denn auch Ziebarth, Forstrecht, S. 386 zu 4, jeden „schädigenden Eingriff" in das Jagdrecht als eine Jagdausübung und demgemäß, wenn alle anderen Voraussetzungen erfüllt sind, als ein Jagdvergehen.

Dieser Ausdehnung des Begriffs der Jagdausübung widerspricht namentlich Dalcke, Jagdrecht, S. 197, Anm., vom Standpunkte der

---

[1]) Reichsgericht, Rechtspr., Bd. 7, S. 184.
[2]) Reichsgericht, in Straff., Bd. 8, S. 102.
[3]) Reichsgericht, Straff., Bd. 20, S. 4.
[4]) Auf Abfeuerung eines Schusses insbesondere kommt es nicht an (Johow, Bd. 1, S. 224).

rechtsgeschichtlichen Entwickelung und des gewöhnlichen Sprach=
gebrauchs; ebenso Olshausen, Kommentar zu St.=G.=B. zu § 292 Anm.

Meiner Ansicht nach darf nicht jeder schädigende Eingriff als
Jagdausübung im Sinne des § 292 St.=G.=B. oder als Übertretung des
Jagdscheingesetzes erachtet werden, und zwar aus den von Dalcke an=
geführten Gründen unter Berücksichtigung der gesetzgeberischen Absicht. Be=
denken entstehen aber doch bei Anwendung des W.=Sch.=G. Das Wild soll
während der Schonzeit Ruhe haben und es wäre gesetzgeberisch eine Aus=
dehnung des Begriffs der Jagdausübung im Sinne Ziebarths wohl
denkbar. Namentlich wäre an den Fall zu denken, daß Jemand aus Mutwillen
oder Bosheit ein hochbeschlagenes Tier verscheuchte, sodaß das Tier oder
das Kalb verunglückte.

Das Mecklenburgische O.=L.=G. verneinte (anscheinend im Jahre 1874)
unter Bezugnahme auf Oppenhoff Erläuterungen, Schwarze Kommentar,
die Anwendung des § 292 St.=G.=B. gegen den, der das Wild nur verscheucht
oder verjagt (Gerichtssaal 26, S. 550; Oppenhoff, St.=G.=B. § 292,
Anm. 8; Petzold, Deutsche Strafrechtspraxis zu § 292, Anm. 5). Später
ist meines Wissens niemals von einem Gerichte das Gegenteil ausgesprochen
worden. Für Kurhessen wurde am 21. 1. 1867 oberstrichterlich entschieden,
daß ein Treiben auf Wild vor Beginn der Jagdzeit, um sich vom Wild=
stande Kenntnis zu verschaffen, also um dasselbe nur aufzuscheuchen, nicht
um es zu erlegen, nicht unbefugte Jagdausübung sei (Heuser, Annalen
B. 14, S. 282; Klingelhöffer, Jagdordnung zu § 30 des Jagdges. vom
7. September 1865, Anm. 11).

Voraussichtlich wird die Rechtsprechung auch in Zukunft auf demselben
Standpunkte verbleiben. Sie wird nicht blos die Vorschriften über Jagd=
vergehen und das Jagdscheingesetz, sie wird auch das W.=Sch.=G. außer An=
wendung lassen.

Soweit kein Schade entsteht, wird man sich beruhigen dürfen, soweit er ent=
steht, wird die Zivilklage auf Schadenersatz am Platze sein. Wer
glaubt, sich dabei nicht beruhigen zu dürfen, könnte es gegebenen Falls mit
einer Anzeige wegen groben Unfugs § 360 Nr. 11 St.=G.=B., versuchen.

Der Beweggrund der Beunruhigung kann ein ganz anderer, weid=
männisch zulässiger sein, z. B. der Jäger jagt im Frühjahr die Paarhühner
aus der Luzerne, um sie zu veranlassen, an anderen Stellen, z. B. im Roggen,
zu nisten, weil in der Luzerne die Gefahr besteht, daß sie ausgemäht werden.

Gehört zum Begriffe der Jagdausübung im Sinne des § 15 W.=Sch.=G.
die Aneignungsabsicht, so ist aber nicht erforderlich, daß der Jäger die Ab=
sicht habe, für sich zu okkupieren; es kann sein, daß er als Angestellter oder
als Jagdgast u. s. w. zum Zwecke des Erwerbs des Eigentums für einen
anderen jagt.

Weiter ist noch die Frage zu berühren, ob es sich um ein verbotenes „Erlegen", „Einfangen", verbotene „Jagdausübung" handelt, wenn der Täter zum Schutze seiner Person oder seines Eigentums, insbesondere zum Schutze seiner Feldfrüchte handelt. Für die Regel ist davon auszugehen, daß es auf Absicht bei der Jagdausübung und Zweck derselben nicht ankomme; Olshausen Komm. z. St.-G.-B. zu § 292, Anm. 11, Abs. 3; Reichsgericht, Straff., Bd. 14, S. 419 (Auslegen vergifteten Köders, um Wildschaden abzuwenden), Bd. 22, S. 115 (Schlingenstellen zu gleichem Zwecke). — Es entsteht aber die Frage, ob nicht die Bestimmungen des B. G.-B. und St.-G.-B. über Notstand gegebenen Falls dem Täter zur Seite stehen. § 228 B. G.-B. bestimmt:

> „Wer eine fremde Sache beschädigt oder zerstört, um eine durch sie drohende Gefahr von sich oder einem Anderen abzuwenden, handelt nicht widerrechtlich, wenn die Beschädigung oder die Zerstörung zur Abwendung der Gefahr erforderlich ist und der Schaden nicht außer Verhältnis zu der Gefahr steht. Hat der Handelnde die Gefahr verschuldet, so ist er zum Schadenersatze verpflichtet."

Man könnte denkbarer Weise sagen: Wenn die Voraussetzungen dieser Bestimmung gegeben sind, ist die Handlung nicht Jagdausübung, sondern Notstandshandlung. Dies wäre unzutreffend. Die Entscheidung über den Begriff der Jagdausübung steht nach Art. 69 Einf.-Ges. z. B. G.-B. dem Landesrechte zu. Deshalb ist nach dem betreffenden Landesrechte festzustellen, ob bei dem Begriffe der Jagdausübung der Gesichtspunkt des Notstandes berücksichtigt worden ist. So zutreffend auch Reichsgericht, 1. Straff. vom 7. Oktober 1901 (Jur. Wochenschr. 1902, S. 306): ein bayrischer Bauer hatte einen Marder, der am Orte der Tat jagdbar war, zum Schutze des Hühnerstalls erlegt. (Vgl. hierzu meine Ausführungen in der „Zeitschrift für Forst- und Jagdwesen", Bd. 35 (1903), S. 710 flg., Bd. 36, S. 732 zu 3, 782 zu 4, Bd. 37, S. 706[1]). Männer, Ergänz.- Heft zu dem Jagdrecht der Pfalz S. 130 p, q; zutreffend Oberlandesgericht Braunschweig vom 1. März 1904 (Peßler, Jagdrecht, drittes Ergänz.-Heft S. 48).

Daß der von einem jagdbaren Tiere Angegriffene zur Verteidigung seines Lebens und seiner Gesundheit „alle Mittel, dieselben von sich abzuhalten oder zu töten" befugt ist, wird in Landesgesetzen, bes. A. L.-R.,

---

[1] Zu meinem größten Bedauern habe ich an den im Texte angeführten Stellen über den Standpunkt des Reichsgerichts falsch berichtet, worauf Herr Oberreichsanwalt Olshausen mich freundlichst aufmerksam gemacht hat. Das Urteil des Reichsgerichts ist in den amtlichen Entscheidungen nicht veröffentlicht, in der Juristischen Wochenschrift unvollständig und verstümmelt. § 228 B. G.-B. darf auch nach der Entsch. des Reichsgerichts vom 7. 10. 1901 nur dann zu Gunsten dessen, der ein jagdbares Tier tötet, zur Anwendung kommen, wenn nicht eine entgegenstehende landesgesetzliche Bestimmung nachweisbar ist.

§ 155 I, 9, ausdrücklich anerkannt und wird mangels einer solchen Vorschrift als gewohnheitsrechtlich geltend angesehen werden dürfen; ebenso gewiß zu Gunsten anderer Menschen.

Ob das Gesagte zutreffend, ist hinsichtlich der Frage des Jagdvergehens hier nicht weiter zu erörtern. Hier handelt es sich entscheidend um das W.=Sch.=G. Dies Gesetz verweist im § 19 hinsichtlich der Frage der Befugnisse zum Erlegen des Wildes während der Schonzeit zum Schutze gegen Wildschäden auf Partikularrecht und gibt damit zweifelsfrei kund, daß grundsätzlich und in erster Linie die Landesgesetze maßgebend sind.

Schließlich entsteht noch die Frage, ob zum Begriffe der „Jagd" ein vorsätzliches Handeln erforderlich ist, oder ob es auch eine fahrlässige Jagd gibt. Gewiß kann ein Jagdgesetz, und namentlich das W.=Sch.=G. bei vorsätzlicher Ausübung der Jagd fahrlässig verletzt werden, z. B. der Jäger will im August einen Rehbock schießen und trifft fahrlässiger Weise eine Ricke. Dies ist anerkannt.[1]) Wie aber, wenn gar keine Jagdausübung beabsichtigt war? Ein Gutsbesitzer ritt in seinen Wald und ließ seine beiden Windhunde hinter dem Pferde herlaufen; die Hunde ergriffen ein Rehkalb und töteten es, ohne daß der Reiter dies bemerkte. Am 19. November 1892 hatte das Kammergericht darüber zu entscheiden, ob der Gutsbesitzer auf Grund des W.=Sch.=G. zu bestrafen sei; der höchste Gerichtshof verurteilte den Gutsbesitzer und nahm sonach an, daß es auch eine fahrlässige Jagdausübung gäbe (Johow, Jahrb. Bd. 13, S. 350; Danckelmann=Mundt, Jahrb., Bd. 26, S. 274). Das Kammergericht aber ist von diesem offenbar ganz unrichtigen Standpunkte schon am 22. Februar 1894 (Johow, Bd. 15, S. 304; Danckelmann=Mundt, Bd. 28, S. 199, Nr. 92) abgegangen und hat eine Absicht der Jagdausübung für erforderlich erklärt.

Dies wird von Bauer (3. Aufl.), S. 202, Anm. 4, anerkannt, wo die Entsch. vom 14. November 1892 (mit unrichtiger Angabe des Datums) ohne weiterer Zusatz — und also billigend — erwähnt ist. Damit steht aber S. 178 Abs. 1 (auch W.=Sch.=G., S. 15, Anm. 3) im Widerspruch

---

[1]) Auch von Bauer, 3. Aufl., S. 203, Abs. 1. „Wer eine gehörnte, Schonzeit habende Ricke schießt, obwohl er sich auf andere Weise darin überzeugen konnte, daß er keinen Bock, sondern ein weibliches Rehwild vor sich hat, wird bestraft; der Schütze hat beispielsweise nicht blos Kopf und Blatt des Tieres zu Gesicht bekommen, sondern das ganze Stück Wild und in der Jagdaufregung übersehen, daß der angebliche Bock keinen Pinsel hat." Wie Bauer damit seine Bemerkung zu § 15, S. 204 b, Abs. 1, vereinigen will, ist unverständlich: „Zur Strafbarkeit wird erfordert, daß der Täter auf Schontiere die Jagd ausüben wollte; es genügt nicht, daß gelegentlich eines erlaubten Jagdbetriebs, z. B. auf Sauen auch ein nicht sichtbar gewesenes Schonwild angeschweißt wurde." In dem letzteren Beispiele muß man einverstanden sein, wenn dem Schützen kein Verschulden zur Last fällt. Die Behauptung Bauers, § 15 setze voraus, daß der Täter auf Schontiere die Jagd ausüben wollte, ist ganz unhaltbar.

„wer seinen Hund, von dem er weiß, daß er als Hetzer das Jagen nicht lassen kann, zur Schonzeit von der Kette läßt, verstößt gegen § 2 des Schongesetzes, sofern der Hund tatsächlich das Wild beunruhigt." Dem kann man nach dem Gesagten nicht zustimmen. Meiner Ansicht nach tritt in dem soeben von Bauer gesetzten Falle, wenn ein vermögensrechtlicher Nachteil darzulegen ist, nur eine Klage auf Schadensersatz ein; die bloße „Beunruhigung" genügt in keinem Falle.

Frhr. v. Haerdtl versteht in seinen „Grundbegriffen des Jagdrechts" nach niederösterr. Jagdges. (S. 9) unter Jagdausübung „alle Tätigkeiten, welche nach bestimmten erprobten und in der betreffenden Gegend . . . geltenden Grundregeln als weidmännischer Betrieb zusammengefaßt werden können." Dem kann man nicht zustimmen. In Deutschland ist allgemein anerkannt, daß es für den Begriff der Jagd auf weidmännische Ausübung gar nicht ankommt. Wollte man die Begriffsbestimmung von Haerdtl annehmen, so könnte der Wilderer, der die weidmännischen Regeln unbeachtet läßt, nicht wegen Jagdvergehens bestraft werden, weil er nicht die Jagd ausgeübt habe; der nicht weidmännisch Jagende bedürfte keines Jagd= scheines und könnte wegen Übertretung des § 15 W.=Sch.=G. nicht bestraft werden. (Vgl. Olshausen, Komm. z. St.=G.=B. zu § 292, Anm. 4.)

V. Welchen Einfluß haben die strafrechtlichen Vorschriften auf die „Jagd" der Hunde=Abrichter= und =Prüfer? In der Komm. d. H. d. Abg. wurde zu § 15 der Zusatz beantragt: „Das Verfolgen des Wildes, ohne dasselbe zu töten, ist den Dresseuren oder Führern der Jagdhunde auch in der Schonzeit gestattet, ebenso das Abgeben von blinden Schüssen". Der Antragsteller erachtete solche Handlungen auch während der Schonzeit im Interesse der Hundedressur für durchaus notwendig; ohne Ausnahme im Gesetze aber könnte man Jagdausübung annehmen und hätte schikanöse An= zeigen zu gewärtigen. Dagegen erklärte der Vertreter des Justizministers: Die Befürchtungen des Antragstellers seien unbegründet, unter Jagd= ausübung seien nur solche vorsätzlichen Handlungen zu verstehen, die auf Aneignung des Wildes gerichtet seien. Darauf wurde der Antrag abgelehnt. (Bericht d. Komm., S. 17). Im Plenum wurde vom Abg. v. Savigny der Antrag gestellt, dem § 15 hinzuzufügen: „Die Jagdpolizeibehörde ist befugt, für Zwecke der Jagdhundedressur Ausnahmen von dem Verbot des Abs. 1, Ziffer 1, durch befristete Bescheinigungen zu gestatten (S. 5912)". Dem widersprach Geheimrat Frenken als Vertreter des Justizministers: Die Hundeabrichter und ähn= liche Personen könnten, obwohl das Gesetz auf sie ebenso wie auf andere Jäger Anwendung fände, ihre Hunde nach wie vor probieren und alle der= artige Handlungen ungehindert vornehmen, nur müßten sie sich davor hüten, daß sie die Jagd ausübten; unter Jagdausübung seien nur vorsätzliche Handlungen zu verstehen, die darauf abzielten, das Wild zu okku=

pieren; ein Hundedresseur, ein Prüfungssucher wolle aber doch nicht Wild einfangen; wer einen blinden Schuß abgebe, wolle doch kein Wild totschießen. Hierauf nahm der Abg. v. Savigny seinen Antrag zurück.

Über die Zweckmäßigkeit und Nützlichkeit der Hundedressur war man im Landtag einig; ebenso nach den soeben mitgeteilten Verhandlungen auch schließlich darüber, daß die mit Hundedressur und -Prüfung beschäftigten Personen in ihren berechtigten Interessen durch die Bestimmungen des W.-Sch.-G. nicht gefährdet würden. Gleichwohl tragen Einige Bedenken; so Braß, Monatsh. 1904, S. 259: § 15 habe „die Jägerkreise in gewaltige Aufregung versetzt"; es müsse davon ausgegangen werden, daß derjenige, welcher das Wild aufsuche, auch ohne daß er auf dasselbe schieße, die Jagd ausübe; wenn nun ein Jäger seinen Hund zur Hühnerjagd beispielsweise abführen wolle und zu diesem Zweck im Frühjahr die Paarhühner aufsuche, so begehe er zweifellos nach dem Gesetze eine mit Strafe bedrohte Handlung. — Dies ist nach dem oben gesagten unrichtig. Die Ansicht von Braß über Jagdausübung ist nicht zu billigen[1]). — Bauer, 3. Aufl., S. 204c, bemerkt: Er könne keinem Prüfungssucher raten, einen Hund auf ein Schontier zu hetzen, auf eine Ente während der Schonzeit zu schießen oder sie vom Hunde apportieren zu lassen; er müßte unfehlbar nach § 15 und wenn das Tier getötet worden sei, nach § 13 bestraft werden; der Hundedresseur und der Hundeprüfer stünden nämlich genau so unter dem Gesetze wie jeder andere; zu seinen Gunsten sei nirgends eine Ausnahme gemacht, ganz sicher sei ihm auch die Bestrafung bei Vorhandensein eines dolus eventualis. — Gewiß stehen die genannten Personen ebenso unter dem Gesetze wie alle anderen; also ist gewiß der Hundeabrichter ebenso wie jeder andere zu bestrafen, wenn er während der Schonzeit eine Ente schießt und apportieren läßt. Aber ein solches Verhalten ist ja zum Abrichten und Prüfen gar nicht nötig. Die Hundeabrichter und -Prüfer dürfen während der Schonzeit die Tiere nicht in Aneignungsabsicht verfolgen, wohl aber, wie Frenken treffend bemerkte, ohne solche Absicht und mit blinden Schüssen.

Auch vom dolus eventualis haben jene Personen nichts zu fürchten. Eine Jagdausübung ist zur Anwendung des W.-Sch.-G. notwendig. Eine fahrlässige Jagdausübung gibt es nicht; ebensowenig läßt sie sich mit dolus eventualis konstruieren. Zur Jagdausübung als solcher gehört überhaupt kein „dolus", sie ist allein möglich durch den Willen des Jagenden: zu erlegen oder einzufangen oder sonstwie anzueignen. Jene Personen wollen nicht okkupieren.

Wenn also bei einer Hundeabrichtung oder -Prüfung ohne den Willen des Abrichters oder Prüfers ein Rebhuhn getötet wird, so ist er nicht

---

[1]) So auch zutreffend Monatshefte 1904, S. 295 zu III.

strafbar, sowenig wie der oben erwähnte Gutsbesitzer, dessen Windhund während eines Rittes ein Rehkalb tötete, zu bestrafen war. Wie oben bemerkt, hat das Kammergericht seinen ursprünglichen Standpunkt verlassen.

Angesichts dieses Ergebnisses wird man nur fragen müssen, ob bei diesem Begriff der Jagdausübung ein Nichtjagdausübungsberechtigter in unserem Jagdrevier Prüfungssuchen und Hundedressuren vornehmen darf, ob er insbesondere zu dem Zwecke auch blind schießen darf. Diese Frage ist gewiß zu verneinen. Zum Teile gewährt § 368 Nr. 10 des St.-G.-B. Schutz. Hiernach wird bestraft, wer ohne Genehmigung des Jagdberechtigten und ohne sonstige Befugnis in einem fremden Jagdrevier außerhalb der öffentlichen Wege zwar nicht die Jagd ausübend, aber zur Jagd ausgerüstet, betroffen wird. Im übrigen werden die Strafvorschriften des J.-F.-P.-G. einigen Schutz gewähren.

VI. Nach § 15, Nr. 2, wird mit Geldstrafe bis 150 Mk. bestraft, wer den Vorschriften des § 4 zuwider (vergl. oben § 3) Schlingen stellt, in denen sich jagdbare Tiere oder Kaninchen fangen können. Damit haben wir eine sehr erfreuliche Ergänzung des § 15 des Wildschadensgesetzes vom 11. Juli 1891 erhalten; die letztere Bestimmung enthielt zwar das Verbot des Fangens der wilden Kaninchen in Schlingen, aber bekanntlich ohne Strafbestimmung. Zahlreiche Polizeiverordnungen haben die Lücke ausgefüllt; diese Bestimmungen treten nunmehr insoweit außer Kraft.

§ 15, Abs. 2 und 3, geben noch weitere Vorschriften:

a) Ist in einer Schlinge Wild gefangen worden, für welches eine Schonzeit vorgeschrieben ist, so darf eine niedrigere Strafe, als die im § 13 angedrohte, nicht verhängt werden [1]; natürlich kommen auch hierbei mildernde Umstände in Betracht.

b) Das zu a Gesagte gilt auch dann, wenn Wild in Schlingen gefangen wird, für welches die Schonzeiten deshalb nicht gelten, weil es sich in eingefriedigten Wildgärten befindet (vergl. unten § 10).

---

[1] Der Wortlaut läßt einen Zweifel offen für den Fall, daß das Wild außer der Schonzeit gefangen ist. Z. B. der Jagdpächter X. legt in seinem Jagdgelände im Oktober eine Schlinge, um ein nichtjagdbares Tier zu fangen; fängt sich in dieser Schlinge noch im Oktober eine Ricke, so trifft ihn nach § 15, Abs. 2, unzweifelhaft die volle Strafe aus § 13, also bei Verneinung mildernder Umstände eine solche von 60 Mk. Wie nun aber, wenn sich das Reh erst im Monat November fängt, in dem es keine Schonzeit hat? M. E. ist die Beantwortung dieser Frage nach dem Wortlaute des Gesetzes zweifelhaft. Man wird sich auch hier für die Verurteilung zu der im § 13 angedrohten Strafe entscheiden müssen. Hierfür spricht die Begründung, S. 21, ausdrücklich und besonders die kaum bestreitbare Tatsache, daß der Fall auch schon nach § 5 des W.-Sch.-G. von 1870 so zu beurteilen war. Nach § 5 traten die darin angedrohten Geldbußen ein „für das Töten oder Einfangen von Wild während der vorgeschriebenen Schonzeiten, sowie für das Fangen von Wild in Schlingen (§ 1, Nr. 13)", folglich für letzteren Fall auch außer der Schonzeit.

e) Bei einer Zuwiderhandlung gegen § 4 ist neben der Geldstrafe die Einziehung der Schlingen auszusprechen, ohne Unterschied, ob sie dem Schuldigen gehören oder nicht[1]). Da das Gesetz sagt „neben der Geldstrafe", so ist die Einziehung der Schlingen im sogenannten objektiven Strafverfahren nicht zulässig (vgl. unten VIII).

Nach dem Wortlaute des § 15, Abs. 2, ist aus § 15, nicht aus § 13, auch dann zu strafen, wenn der Schlingensteller beim Legen der Schlinge die Absicht hatte, ein Schonwild der gefangenen Art zu fangen, z. B. der Jagdpächter legt im Januar eine Schlinge, um ein Reh zu fangen und fängt dies ein. Diese Tat würde schon unter § 13 fallen. Maßgebend ist aber nach dem klaren Wortlaute des § 15 dieser Paragraph[2]). Dies ist wichtig, weil sonst nicht neben der Strafe auf Einziehung erkannt werden könnte.

Das Reichsgericht hat am 24. Mai 1886 einen Angeklagten, der Schlingen legen wollte, um ein jagdbares Tier zu fangen, wegen Jagdvergehens bestraft, obwohl er die Schlingen noch nicht gelegt hatte, vielmehr damit beschäftigt war, die zur Legung der mitgebrachten Schlingen geeigneten Stellen auszusuchen (Rechtspr., Bd. 8, S. 379). Das Reichsgericht fand also in dieser Handlungsweise bereits den Tatbestand der Jagdausübung. Ob dies richtig ist, mag zweifelhaft sein. Stelling, Hannovers Jagdrecht, S. 277 g, bemerkt: „Dies geht, wie Dalcke[3]) mit Recht hervorhebt, zu weit. In solchen oder ähnlichen Handlungen ist weder ein Anfang der Jagdausübung noch diese selbst zu finden, weil sie nicht direkt auf die Okkupation des Wildes gerichtet sind, solche vielmehr nur vorbereiten. Der Täter wird daher erst strafbar, wenn er die Schlingen gelegt oder doch damit den Anfang gemacht hat." — Vom Standpunkte der Entsch. des Reichsgerichts müßte nach § 15, Nr. 1, jetzt auch ein Jagdberechtigter bestraft werden, wenn er in der Absicht, ein Stück Schonwild zu fangen, die zur Auslegung der Schlingen geeigneten Stellen in seinem Jagdrevier aussucht. — Eine Bestrafung aus § 15, Nr. 2, kann nicht erfolgen, da er die Schlingen noch nicht gestellt hat; noch weniger trifft Abs. 2 zu, da kein Wild gefangen ist. Die Einziehung der Schlingen ist hier unzulässig, da sie für den Fall der Nr. 1 nicht angedroht ist.

---

[1]) Schlingen sind nach rechtskräftig ausgesprochener richterlicher Einziehung nach Maßgabe der Min.-Verf. zu vernichten. Min.-Verf. v. 26. Juni 1854 (M.-Bl., S. 146), v. 28. November u. 20. Dezember 1860 (M.-Bl., 1861, S. 50), 4. Mai 1865 (M.-Bl., S. 156); über Ausdehnung dieser Vorschr. auf die neuen Provinzen vergl. Verf. v. 19. Mai 1868 (M.-Bl., S. 168), 21. April 1883 (Justiz-M.-Bl., S. 128). Schultz-Scherr-Thoß, S. 51, Anm. 37. — Die Einziehung aber ist leider nur neben der Strafe zulässig. Vergl. weiter unten zu VIII.

[2]) So auch Schultz, S. 8, Anm. 39.

[3]) Dalcke, Jagdrecht, S. 197, Anm.; Dalcke, Strafrecht und Strafprozeß, zu § 292, St.-G.-B., Anm. 38.

Unzweifelhaft tritt Bestrafung aus § 15, Nr. 1, ein, wenn der Täter mit dem Legen der Schlingen bereits begonnen hatte (Reichsgericht, Straff., Bd. 11, S. 251, Bd. 22, S. 116; vergl. Wirschinger, Das Jagdrecht in Bayern, S. 172).

VII. Nach § 16 wird mit Geldstrafe bis 150 Mk. bestraft, wer den Vorschriften der §§ 6, 7 und 8 zuwider Wild oder Kiebitz- oder Möweneier versendet, zum Verkaufe herumträgt oder ausstellt oder feilbietet, verkauft, ankauft oder den Verkauf von solchem Wilde oder von solchen Eiern vermittelt (vergl. oben § 5).

Hat der Täter gewerbs- oder gewohnheitsmäßig [1] gehandelt, so darf die Geldstrafe nicht unter 30 Mk. betragen. Nach dem Entwurfe sollte diese Straferhöhung auch dann Platz greifen, wenn der Täter in gewinnsüchtiger Absicht gehandelt hat. Im H. d. Abg. (S. 5030) tadelte der Abg. Kaute diese Bestimmung mit der Frage: „Wann geschieht denn ein Verkauf wohl nicht in gewinnsüchtiger Absicht; jeder, der etwas verkaufen will, tut das, um sich einen Vermögensvorteil zu verschaffen, also in gewinnsüchtiger Absicht; noch weniger erachten wir es für angebracht, den Ankauf, sofern er in gewinnsüchtiger Absicht geschieht, unter höhere Strafe zu stellen." In der Komm. des H. d. Abg. wurde denn auch der Antrag auf Streichung der Straferhöhung im Falle der gewinnsüchtigen Absicht gestellt; nach Widerspruch des Vertreters des Justizministeriums jedoch zunächst abgelehnt; in zweiter Lesung aber unter Zustimmung eines Vertreters der Staatsregierung angenommen. Auf den letzteren Standpunkt stellte sich der Landtag (H. d. Abg., S. 5917).

VIII. „Neben der Geldstrafe" ist das den Gegenstand der Zuwiderhandlung bildende Wild und sind die Kiebitz- und Möweneier einzuziehen ohne Unterschied, ob sie dem Schuldigen gehören oder nicht [2]). Von der Einziehung kann abgesehen werden, wenn der Ankauf nur zum eigenen Verbrauche geschehen ist, — selbstverständlich nur wenn eine mildere Beurteilung am Platze ist, z. B. entschuldbare Unkenntnis der Schonzeit.

Nach § 7 des W.-Sch.-G. von 1870 war „neben der Konfiskation" des Wildes eine Geldstrafe bis zu 30 Talern angedroht. Das Kammergericht hatte am 29. September 1890 die Frage zu entscheiden, ob die

---

[1]) Diese Begriffe sind identisch mit den im St.-G.-B. angewendeten. Vergl. die Kommentare zum St.-G.-B., zu § 260, zu § 294, z. B. Olshausen, Dalcke. „Gewerbsmäßig" bezeichnet eine fortdauernde, auf Erzielung eines Gewinnes gerichtete Tätigkeit. Schon eine Einzelbehandlung kann den Charakter der Gewerbsmäßigkeit an sich tragen. (Dalcke, zu § 260). — „Gewohnheitsmäßigkeit" setzt eine mehrmalige Vornahme der Handlung mit der Geneigtheit, dieselbe auch fernerhin zu wiederholen, voraus. Eine einmalige Vornahme der Handlung reicht nicht aus.

[2]) Letzteres wurde schon nach früherem Recht ohne ausdrückliche Bestimmung angenommen. Kammergericht bei Johow, Bd. 17, S. 411.

Einziehung des Wildes auch im sogenannten objektiven Strafverfahren, d. h. in dem Falle zulässig sei, daß die Bestrafung einer bestimmten Person nicht ausführbar erscheint. Das objektive Strafverfahren ist nach § 42 des St.-G.-B., von einem hier nicht in Betracht kommenden Falle abgesehen, bei vorsätzlichen Verbrechen und Vergehen zulässig. Da es sich in dem nach dem W.-Sch.-G. zu entscheidenden Falle nur um eine Übertretung handelte, so konnte der § 42 nicht zur Anwendung gebracht werden[1]); gleichwohl hat das Kammergericht die Einziehung ausgesprochen — und zwar auf Grund des § 7 des W.-Sch.-G., dies mit vollem Recht; denn § 7 droht an erster Stelle Einziehung an (vgl. oben „neben der Konfiskation u. s. w."). Ist nun auch nach dem neuen W.-Sch.-G. die Einziehung im sogenannten objektiven Strafverfahren zulässig? Gewiß hätte sie für zulässig erklärt werden können, da nach § 5 des Einführungsgesetzes zum Strafgesetzbuch die Landesgesetzgebung in den ihr vorbehaltenen „Materien" Einziehung einzelner Gegenstände androhen darf. Der Gesetzgeber aber hat dies leider nicht zum Ausdrucke gebracht; denn er erklärt, wie oben erwähnt, die Einziehung für zulässig „neben der Geldstrafe" (nicht wie im Gesetz von 1870 neben der Einziehung die Geldstrafe). Unzulässig ist hiernach die Einziehung von Schlingen, welche man im Walde findet, wenn der Täter nicht zu ermitteln ist. Selbstverständlich darf der Jagdberechtigte sie fortnehmen, wie Stelling, Jagdges. S. 525, treffend bemerkt; schon vom Standpunkte der Notwehr, wenn die Schlingen so gelegt sind, daß sich Wild in ihnen fangen kann; gegebenenfalls ist Beschlagnahme zulässig (vgl. unten § 11). Stelling aber meint, daß die Schlingen nicht vernichtet werden dürften; der Täter würde also nach Eintritt der Strafverfolgungsverjährung ohne irgend eine Gefahr auf Herausgabe erfolgreich klagen können. — Große praktische Bedeutung betreffs der Schlingen hat die aufgeworfene Frage nicht, da es sich hier meist um Jagdvergehen handeln wird; in diesem Falle aber nach § 42 des St.-G.-B. das objektive Strafverfahren zulässig ist.

IX. Die festgesetzte Geldstrafe ebenso das eingezogene Wild fällt auf Grund des Gesetzes, betreffend den Erlaß polizeilicher Strafverfügungen wegen Übertretungen vom 23. April 1883, § 7, demjenigen, welcher „die sächlichen Kosten der Polizeiverwaltung zu tragen hat", in anderen Fällen der Gerichtskasse zu (vgl. Danckelmann-Engelhard zu § 16, Anm. 1).

---

[1]) Das Kammergericht nahm ursprünglich in Übereinstimmung mit dem Plenarbeschl. des Ober-Trib. vom 20. Februar 1877 (Goltd., Archiv, Bd. 25, S. 49, Oppenhoff, Rsprech., Bd. 18, S. 143) die Zulässigkeit der objektiven Strafverf. auf Grund des St.-G.-B. auch bei Übertretungen an (25. Juni 1881, Johow, Jahrb. Bd. 11, S. 293.) Von dieser Rechtsprechung ist aber der höchste Gerichtshof am 12. Juni 1899 Johow, Bd. 19, S. 289) mit Recht abgegangen (Danckelmann-Mundt Bd. 33, S. 73.); sie war nach dem ganz klaren Wortlaute des § 42 St.-G.-B. nur bei Verbrechen und Vergehen zulässig.

X. An die Stelle einer nicht beitreibbaren Geldstrafe ist Haft nach Maßgabe der §§ 28, 29 des St.-G.-B. festzusetzen; hiernach tritt nach Ermessen des Richters ein Tag Haft anstelle von 1 bis 15 Mk. Geldstrafe; der Höchstbetrag der Haft ist 6 Wochen.

XI. Nach § 361 Nr. 9 des St.-G.-B. wird mit Haft (von 1 Tage bis 6 Wochen) oder mit Geldstrafe bis zu 150 Mk. bestraft, wer Kinder oder andere unter seiner Gewalt stehende Personen, welche seiner Aufsicht untergeben sind und zu seiner Hausgenossenschaft gehören, von der Begehung von Diebstählen, sowie von Begehung strafbarer Verletzung . . . . der Gesetze zum Schutze der Forst- und Feldfrüchte, der Jagd oder der Fischerei abzuhalten unterläßt; durch diese Strafvorschrift wird die Haftbarkeit für die den Täter selbst treffende Geldstrafe oder andere Gegenleistung nicht ausgeschlossen.

Eine derartige Haftbarkeit für die Geldstrafe und die Kosten, zu denen Personen verurteilt werden, welche unter der Gewalt, der Aufsicht oder im Dienste eines anderen stehen und zu dessen Hausgenossenschaft gehören, ist in Preußen im § 19 des J.-P.-G. vom 3. März 1850, in den §§ 11 bis 13 des J.-D.-G. vom 15. April 1878, im § 5 des F.- u. F.-P.-G. vom 1. April 1880 ausgesprochen. Im Anschluß an diese Vorschriften läßt § 18 des neuen W.-Sch.-G. eine Haftung im Falle des Unvermögens des Verurteilten eintreten und zwar unabhängig von der etwaigen Strafe, zu welcher er selbst auf Grund des W.-Sch.-G. oder des § 361 Nr. 9 verurteilt wird. Wird aber festgestellt, daß die Tat nicht mit seinem Wissen verübt ist oder daß er sie nicht verhindern konnte, so wird die Haftbarkeit nicht ausgesprochen.

Hat der Täter zur Zeit der Tat noch nicht das 12. Lebensjahr vollendet, so kann er nach unseren Strafgesetzen nicht bestraft werden. Nach § 18, Abs. 2, W.-Sch.-G. wird aber derjenige, welcher nach § 18, Abs. 1, als Gewalthaber, Aufseher oder Dienstherr für den zu seiner Hausgenossenschaft Gehörenden haftet, zur Zahlung der Geldstrafe und der Kosten als unmittelbar haftbar verurteilt. Dasselbe gilt, wenn der Täter zwar das 12., aber noch nicht das 18. Lebensjahr vollendet hatte und wegen Mangels der zur Erkenntnis der Strafbarkeit seiner Tat erforderlichen Einsicht freizusprechen ist oder wenn er wegen eines seine freie Willensbestimmung ausschließenden Zustandes straffrei bleibt. Wer nach den Bestimmungen des § 18 haftbar ist, kann aber immer nur zu Geldstrafe und Kosten verurteilt werden; eine Freiheitsstrafe tritt anstelle der Geldstrafe nicht ein. (§ 18 Abs. 3.)

Die Bestimmungen des § 18 sind nach der Begründung, S. 22, für notwendig erachtet, weil ohne diese Haftung manche Vorschriften des Gesetzes, wie z. B. bezüglich des Fangens von Wild in Schlingen, nicht würden durchgeführt werden können.

Über die Frage, wer zu den im § 18 genannten Personen gehört, ist auf die bisherige Rechtsprechung bezüglich der oben angeführten älteren Gesetze Bezug zu nehmen. Zweifelhaft und streitig war es immer, ob zu jenen Personen auch die Ehefrau gehöre und ob also der Ehemann für ihre Geldstrafe und Kosten haftet. Sie teilt die Hausgemeinschaft des Ehemannes, aber man trug Bedenken, sie „unter der Gewalt“ oder „im Dienste“ des Mannes stehend anzusehen oder die Stellung der Eheleute als ein Aufsichtsverhältnis zu bezeichnen; man glaubte, dies widerspreche dem höheren sittlichen Begriffe der Ehe (vergl. Schönfeld, J.-D.-G., S. 42). Dennoch wurde früher von der Rechtsprechung, namentlich von der des Obertribunals, die Haftbarkeit des Mannes angenommen (6. Oktober 1853), Goltdammers Archiv, Bd. 2, S. 108; J.-M.-Bl., 1853, S. 424; Entsch., Bd. 26, S. 467; 19. Februar 1863, Goltdammers Archiv, Bd. 11, S. 348; Oppenhoff, Rechtspr., Bd. 3, S. 298). Dazu bemerkt Groschuff, der verstorbene hochverdiente Präsident des Strafsenats des Kammergerichts, in seinen Erläuter. zu § 11 J.-D.-G. in dem Buche „Die preußischen Strafgesetze“: es unterliege keinem Zweifel, daß der Gesetzgeber auch das Eheverhältnis im Sinne gehabt und sich nur im Ausdrucke vergriffen habe; was von Eltern, Vormündern, Lehrherren gelte, müsse in erhöhtem Maße von dem Ehemanne gelten; hierzu komme, daß der Ehemann in den meisten Fällen der eigentliche Urheber der Tat sei; es komme nicht auf eine Gewalt im rechtlichen Sinne, sondern lediglich auf tatsächliche Gewalt an. So auch Günther, J.-D.-G., S. 43; Fürst, J.-D.-G., S. 39, Anm. 1.

Nachdem das B. G.-B. in Kraft getreten ist, steht die durchaus herrschende Meinung auf dem der früheren Rechtsprechung entgegengesetzten Standpunkt (vergl. Planck, zu § 1354, B. G.-B., Note 1; Endemann, Lehrbuch, 6. Aufl., Bd. 2, S. 696; Kuhlenbeck, B. G.-B., Bd. 2, S. 52); auch das Oberste Landesgericht zu München hat in seiner Entscheidung vom 7. Oktober 1902 den Ehemann nicht aus § 361, Nr. 9, des St.-G.-B. haftbar erklärt (Blätter für Rechtsanwendung, 1903, Bd. 68, S. 209). Anderer Meinung ist aber Cosack, Bürgerliches Recht, Bd. II, S. 426. M. E. wäre an der Ansicht des Obertribunals in Übereinstimmung mit Cosack festzuhalten. Ob die tatsächliche Gewalt genügen soll, kann dahingestellt bleiben. Meiner Ansicht nach ist „Gewalt“ eine Übersetzung des römischen Wortes potestas; solche hat es in Deutschland trotz der Aufnahme des römischen Rechts nicht gegeben; im Deutschen Recht hatte man das Mundium; der Ehemann war der Muntwalt; das dürfte er auch heute noch im Sinne der oben erwähnten Sondergesetze sein. Wie mir Forstmeister Riesberg zu Schloppe mitzuteilen die Freundlichkeit hatte, hat er in seinem Amtsbezirk den Standpunkt des Obertribunals energisch vertreten, leider aber schon 1895, 1896, sowohl bei dem Amtsgericht zu Deutsch-Krone, wie bei dem Landgerichte zu Schneidemühl ohne Erfolg; ebenso Forstmeister v. Bibra zu Thale. Auch das Kammergericht Berlin (vom 4. August 1898) hat den Standpunkt des Obertribunals leider verlassen (vergl. Oehlschläger, J.-D.-G., 5. Aufl., zu § 11, Anm. 2).

— Das Oberlandesgericht Celle setzt in einer Entscheidung vom 9. Juli 1900 (Goltd., Arch., Bd. 49, S. 335) bei „Gewalt" im Sinne des § 361 Nr. 4 St.-G.-B. ein rechtliches Verhältnis voraus, „kraft dessen jemand von einer anderen Person in gewissem Grade Gehorsam zu fordern berechtigt und verpflichtet ist." Dann steht aber gewiß die Frau in der Gewalt des Mannes. Denn nach § 1353 Abs. 1 B.-G.-B. sind „die Ehegatten einander zur ehelichen Lebensgemeinschaft ver- pflichtet"; nach § 1354 steht die Entscheidung in allen das gemein- schaftliche eheliche Leben betreffenden Angelegenheiten dem Manne zu; er bestimmt insbesondere Wohnort und Wohnung." So ist der Mann berechtigt und ebenso ist er verpflichtet, den entsprechenden Ge- horsam zu verlangen; andernfalls hält er sich nicht an das Wesen der Ehe.[1]

XII. § 17 des W.-Sch.-G. verweist, wie bereits erwähnt, auf Be- stimmungen des allgemeinen Teils des St.-G.-B. Aber auch im übrigen stehen die allgemeinen Bestimmungen des deutschen St.-G.-B. als Reserve hinter den Vorschriften des preuß. W.-Sch.-G. Nach § 2 der Reichsverfassung gehen zwar die Reichsgesetze den Landesgesetzen vor; dies gilt im allgemeinen auch für das Strafrecht; jedoch bleiben nach § 2 Einf.- Ges. z. St.-G.-B. die besonderen Vorschriften des Landesstrafrechts über strafbare Verletzung der Jagdpolizeigesetze in Kraft. Soweit aber das Landesrecht keine besondere Bestimmungen in diesen Rechtsmaterien trifft, entscheiden die Vorschriften des Reichsstrafgesetzbuchs und die es betreffenden wissenschaftlich anerkannten Sätze.

1. Das W.-Sch.-G. bedroht den mit Strafe, „wer erlegt oder ein- fängt" bezw. „die Jagd ausübt". Ist ein Verschulden des Täters (Vorsatz, Fahrlässigkeit) vorausgesetzt? Nach St.-G.-B. wird dies an- genommen. Bei zahlreichen strafbaren Handlungen setzt das Gesetz Vorsatz voraus. Die Wildschongesetze sind Polizeigesetze; bei solchen genügt, wie allseitig anerkannt ist, auch Fahrlässigkeit. Dies ist auch in der

---

[1] Einigen wenigen Führerinnen der modernen Frauenbewegung mag dies bedenk- lich erscheinen; aber doch wohl nur gesetzgeberisch: nicht nach dem klaren Wortlaute des Gesetzes. — Wer behauptet, in der Ehe könnten beide Eheleute rechtlich völlig gleich stehen, kann nicht lange über das Problem nachgedacht haben; denn das praktische Leben zeigt, daß die Eheleute vielfach verschiedener Meinung sind; da sie nun z. B. zur ehe- lichen Gemeinschaft verpflichtet sind, so muß einer entscheiden; nach B.-G.-B. ist dies der Mann, folglich steht die Frau in seiner „Gewalt". Will man das Gesetz ändern, so könnte es nur so sein, daß die bisher dem Manne gewährte rechtliche Macht der Frau zuge- sprochen würde und also der Mann zu gehorchen hätte; dies wäre logisch denkbar; dann müßte man aber wohl auch folgerichtig weiter bestimmen, daß, wenn sich eine Frau einen Mann nimmt, der Mann den Familiennamen der Frau annehmen müsse. So viel ich sehe, sind die Frauen, deren Logik meist besser ist, als ihr Ruf, darüber völlig klar; nur die Logik der Männer scheint seit der modernen Frauenbewegung, wie aus anderen hier nicht zu erörternden Anzeichen zu erkennen ist, hier und da zurückgegangen zu sein.

bisherigen Rechtsprechung des Kammergerichts beim W.=Sch.=G. stets an=
erkannt worden. Vergl. Erk. vom 23. April 1885 (Johow, Jahrb., Bd. 5,
S. 326); Dalcke, S. 86, Anm. 17; Bauer, 3. Aufl., S. 202; Groschuff,
Preuß. Strafges., zu § 5; W.=Sch.=G. von 1870, Anm. 7. Eine zufällige
Verletzung des Schontieres, z. B. durch eine abirrende Kugel oder durch
unvorherzusehenden Fang in einem zum Fang von Raubzeug aufgestellten
Eisen, führt nicht zu einer Bestrafung (Bauer, S. 204, Anm. 11; Wagner,
S. 125, Anm. 17). Es handelt sich nicht, wie in einigen Zoll= und Steuer=
gesetzen, um „eine lediglich an das Vorliegen des objektiven Tatbestandes
geknüpfte Ordnungsstrafe" (Liszt Lehrbuch, § 37 III) [1]), nicht um ein sogen.
Formaldelikt.

2. Nach § 3, St.=G.=B., ist auch der Ausländer zu bestrafen, wenn
er im Inlande das Strafgesetz verletzt.

3. Nach § 30, St.=G.=B., kann eine Geldstrafe im Falle des Todes
des Verurteilten in dessen Nachlaß vollstreckt werden, wenn das Urteil bei
Lebzeiten des Verurteilten rechtskräftig geworden ist.

4. Nach § 43 wird der Versuch einer Übertretung nicht bestraft; eben=
sowenig wird nach § 49 der Gehilfe bestraft, z. B. der Treiber.

Dagegen ist der Anstifter nach § 48 strafbar.

5. Die Vorschriften der §§ 51 flg. St.=G.=B. über „Gründe, welche
die Strafe ausschließen", finden auch für das W.=Sch.=G. Anwendung,
soweit nicht oben bereits die Ausnahmen bemerkt sind (Notstand bei
Wildschaden); so wird selbstverständlich nicht der Geisteskranke bestraft,
nicht der jugendliche Täter, der zur Zeit der Tat noch nicht 12 Jahre alt
war; bei dem Täter, der das 12., aber noch nicht das 18. Lebensjahr
vollendet hat, muß „die zur Erkenntnis der Strafbarkeit erforderliche Ein=
sicht" festgestellt werden, sonst ist er freizusprechen; wird er verurteilt, so
kann er aber nicht, wie nach St.=G.=B., „in besonders leichten Fällen" mit
Verweis bestraft werden, da das W.=Sch.=G. die Strafe genau bestimmt.

6. Die Strafverfolgung verjährt in 3 Monaten seit Begehung der
Tat (§ 67, Abf. 3, St.=G.=B.) und kann nur durch eine wegen der be=
gangenen Tat gegen den Täter gerichtete Handlung des Richters unterbrochen
werden (§ 68); die Strafvollstreckung verjährt in 2 Jahren (§ 70, Nr. 6,
St.=G.=B.) nach Rechtskraft des Urteils (§ 70, Abf. 2), u. s. w. Vgl.
auch §§ 68, Abf. 3, 72, St.=G.=B.

7. Die §§ 73 flg., St.=G.=B., über Zusammentreffen mehrerer straf=
barer Handlungen finden Anwendung: α) § 73. „Wenn ein und dieselbe
Handlung mehrere Strafgesetze verletzt, so kommt nur dasjenige Gesetz, welches
die schwerste Strafe . . . androht, zur Anwendung" (sog. Idealkonkurrenz).

---

[1]) Reichsger. in Straff., Bd. 7, S. 241, Bd. 30, S. 14. So nicht bei allen
Steuergesetzen, in jedem einzelnen Falle ist besonders zu prüfen, Bd. 31, S. 345.

Wenn der Jagdpächter X. während der Schonzeit ein Rebhuhn schießt und bei dieser Jagdausübung keinen Jagdschein hatte, so sind nicht 5 Mk. (§ 15, W.-Sch.-G.) + 15 Mk. (§ 12 Jagdscheinges.) = 20 Mk., wohl aber 15 Mk. festzusetzen. β) § 78. „Auf Geldstrafen, welche wegen mehrerer strafbarer Handlungen allein oder neben einer Freiheitsstrafe verwirkt sind, ist ihrem vollen Betrage nach zu erkennen." Z. B. der Jagdpächter X. erlegt am 1. und 2. Oktober je eine Ricke; nach § 13, Abs. 1, wird er mit 2 × 60 = 120 Mk. zu bestrafen sein; oder X. schießt am 31. Oktober auf eine Ricke, am 1. November sucht er nach, findet sie verendet im Nachbarrevier und eignet sie sich zu; er ist schuldig der Übertret. des W.-Sch.-G. und des Jagdvergehens (gleichfalls wie im früheren Beispiele sog. Realkonkurrenz); der Richter hält mildernde Umstände für ausgeschlossen und setzt für das Jagdvergehen 100 Mk. Strafe fest; Ergebnis 60 + 100 = 160 Mk.; hält der Richter wegen des Jagdvergehens 1 Woche Gefängnis für angemessen, so ist die Strafe 60 Mk. + 1 Woche Gefängnis. Setzt der Richter an Stelle einer Geldstrafe für je 5 Mk. im Falle der Nichtbeitreibbarkeit der Geldstrafe 1 Tag Haft, so würden im Falle der Erlegung eines Stückes Rotwildes (§ 13, Abs. 1) für 150 Mk. 30 Tage Haft festzusetzen sein. (Gesetzt nun: X. hätte durch 5 selbständige Handlungen (etwa an verschiedenen Tagen) 5 Stück Rotwild während der Schonzeit erlegt, so betrüge die Strafe 5 × 150 = 750 Mk., im Nicht-beitreibungsfalle 150 Tage Haft. Letztere Strafe ist aber nach § 78, Abs. 2, St.-G.-B. nicht zulässig; der Höchstbetrag ist 3 Monate. γ) Es gibt auch eine sog. Gesetzeskonkurrenz; z. B. der Wilderer X. erlegt während der Schonzeit ein Reh. Hier liegen nicht Verletzung des § 292 (Jagdvergehen) und des § 13 W.-Sch.-G. in Idealkonkurrenz vor; es handelt sich vielmehr allein um Anwendung des § 293 St.-G.-B. (qualifiziertes, schweres Jagd-vergehen). „Die Strafe kann auf Geldstrafe bis zu 600 Mk. . . . . erhöht werden, wenn . . . das Vergehen während der gesetzlichen Schonzeit be-gangen ist." Rein formalistisch genommen würde nun der Richter bei ganz milder Beurteilung auf 3 Mk. Geldstrafe ꝛc. erkennen können; •dies wäre aber unsachgemäß; er müßte auf mindestens 5 Mk. erkennen (§ 13, Abs. 2, W.-Sch.-G.), da das St.-G.-B. augenscheinlich mit § 293 keine Straf-milderung zulassen wollte, vielmehr eine Straferhöhung bezweckte.

8. Größere Schwierigkeit verursacht § 59 St.-G.-B.:

„Wenn Jemand bei Begehung einer strafbaren Handlung das Vor-handensein von Tatumständen nicht kannte, welche zum gesetzlichen Tatbestande gehören oder die Strafbarkeit erhöhen, so sind ihm diese Umstände nicht zuzurechnen.

Bei der Bestrafung fahrlässig begangener Handlungen gilt diese Be-stimmung nur insoweit als die Unkenntnis selbst nicht durch Fahrlässigkeit verschuldet ist."

Daß sich diese Bestimmungen auch auf Übertretungen bezieht, ist nach dem Wortlaute zweifellos und allgemein anerkannt (vgl. die von Ols=hausen, Komm., Anm. 9, angeführten zahlreichen Entscheidungen; namentlich des Reichsgerichts). A. schoß 1887 einen Kitzbock, den er ohne Fahr=lässigkeit wegen der ungewöhnlich starken Entwicklung des Tieres nicht für ein Rehkalb gehalten hatte; Wildhändler B. legte das Tier zum Verkauf aus. A. wurde freigesprochen, da er den zum gesetzlichen Tatbestande ge=hörenden Tatumstand, daß es sich um ein Rehkalb handelte, nicht kannte und trotz gehöriger Aufmerksamkeit nicht kennen konnte, B. dagegen, der das Gebiß des Tieres untersuchen konnte, wurde wegen Fahrlässigkeit auf Grund des W.=Sch.=G. von 1870 verurteilt (Kammergericht bei Johow, Bd. 9, S. 269).

§ 59 spricht nur von Nichtkenntnis von „Tatumständen". Die meisten Theoretiker und die Rechtsprechung nehmen an, daß der Irrtum im Strafrecht unerheblich sei; weder die Unkenntnis des Strafgesetzes noch seine unzutreffende Auslegung schützen den Täter. Error juris criminalis nocet. Eine Unkenntnis anderer Gesetze, namentlich des bürgerlichen Rechts, ist Unkenntnis eines Tatumstandes im Sinne des § 59. Niemand kann sich mit Unkenntnis der §§ 292 flg. St.=G.=B. über Jagdvergehen ent=schuldigen; wer aber im fremden Jagdgebiete jagt in dem Glauben, daß dies zu seinem Jagdgebiete gehöre, ist nach § 59, Abs. 1 straflos (§ 59 Abs. 2 kommt nicht in Betracht) da Jagdvergehen nur vorsätzlich verübt werden kann. — Wer in dem Glauben, er sei nach § 228 B.=G.=B. wegen Not=standes zur Tötung des in seinem Reviere jagenden fremden Hundes be=dingungslos berechtigt, ist nicht wegen vorsätzlicher Sachbeschädigung (§ 303 St.=G.=B.) zu bestrafen. So auch Reichsgericht in Straff. Bd. 19, S. 209 ff. Wenn gelegentlich das Gegenteil behauptet worden ist, so beruht dies ent=weder auf grober Unkenntnis oder auf tumultuarischem Verfahren.

Bei Anwendung des § 59 auf das W.=Sch.=G. wird es hauptsächlich auf die Erörterung der Fragen ankommen, ob die Unkenntnis im einzelnen Falle ein Rechtsirrtum oder tatsächlicher Irrtum ist (und im letzteren Falle, ob Fahrlässigkeit vorliegt).

a) Wer während der Schonzeit ein durch § 2 W.=Sch.=G. geschütztes Tier erlegt, ist zu bestrafen, obwohl er die Bestimmung des § 2 nicht kannte, z. B. A. schießt 1905 am 16. April eine Schnepfe in der Annahme, dieselbe habe wie früher erst vom 1. Mai ab Schonzeit. Anders, wenn A. da, wo das Rehkalb im November Schonzeit hat, ein Rehkalb erlegt, das er nicht für ein solches hielt; da kommt es auf Fahrlässigkeit an (§ 59, Ab=satz 2; vgl. oben Entsch. des Kammerger., Bd. 9, S. 269). Ebenso wenn z. B. A. einen ihm unbekannten Vogel schießt, von dem er nicht wußte, daß er zum Wassergeflügel gehörte; hier wird regelmäßig (grobe) Fahrlässigkeit anzunehmen sein. Ebenso: A. erlegt im Mai einen Kiebitz, indem er nicht wußte, daß der Kiebitz zu den Sumpf- und Wasservögeln gehört.

b) Nach § 3, Abs. 1, W.-Sch.-G. kann der Landwirtschaftsminister Abschuß des weiblichen Elchwildes in der Zeit vom 16. bis 30. September gestatten. Schießt nun der Besitzer eines Jagdreviers am 30. September ein Stück weiblichen Elchwildes, so ist er zu bestrafen, wenn er annimmt, das weibliche Elchwild habe nach dem W.-Sch.-G. an jenem Tage gesetzlich keine Schonzeit (Irrtum im Strafrecht); nahm er dagegen irrtümlich an, daß der Minister die Erlaubnis erteilt habe, so handelt es sich um eine Unkenntnis eines Tatumstandes; es kommt also auf Fahrlässigkeit an; liegt solche vor, so ist er zu bestrafen.[1]

Anders in den Fällen des § 3, Abs. 2, in denen der Bezirksaus-schuß die Schonzeit verändern darf. Hier handelt es sich meiner Ansicht nach um eine Rechtsnorm; der Bezirksausschuß hat übertragene („delegierte") gesetzgebende Gewalt. Ganz anders als im Falle des Abs. 1. Wenn der Minister „gestattet", so dispensiert er, befreit er von Anwendung des Rechts-satzes, letzterer bleibt bestehen, es wird nur subjektives Recht geschaffen; wenn aber der Bezirksausschuß nach Abs. 2 die Schonzeit verändert, so schafft er für den betreffenden Bezirk neues objektives Recht[2]. Selbst-verständlich bedürfen diese Beschlüsse der gehörigen Verkündigung; von einer derartigen Verkündigung kann bei dem „Gestatten" des Ministers nach Abs. 1 nicht die Rede sein.

Erweitert der Bezirksausschuß die Schonzeit der Rehböcke bis zum 20. Mai und wird dieser Beschluß rechtzeitig gehörig verkündet, so kann sich niemand mit der Unkenntnis entschuldigen; wer alsdann am 18. Mai einen Rehbock erlegt, ist zu bestrafen, auch wenn die Unkenntnis unverschuldet war. Wird der Beschluß des Bezirksausschusses für mehrere Jahre gefaßt, X. aber hält dies für unzulässig und nimmt die Giltigkeit des Beschlusses nur für das erste Jahr an, so irrt er im Strafrecht (vgl. § 3, Abs. 3, W.-Sch.-G.). — Was hier von der rechtlichen Bedeutung der Beschlüsse des Bezirks-ausschusses gesagt ist, gilt auch im Falle des § 5, Abs. 2 (Einsammeln von Eiern).

c) Die Unkenntnis, daß der Gesetzgeber in §§ 4, Abs. 1, 15, Nr. 2, das Aufstellen von Schlingen, in denen sich jagdbare Tiere oder Kaninchen fangen können, verbietet, ist unerheblich. Welche Bedeutung aber hat die Unkenntnis der über die Art der Ausübung des Dohnenstieges vom Re-gierungspräsidenten erlassenen Polizeiverordnung? Das Reichsgericht hat

---

[1] Vergl. Entsch. d. Reichsger., Straff., Bd. 3, S. 50: Der Angeklagte nahm irrtümlich an, in Bayern sei der Bürgermeister zur Erteilung der Erlaubnis einer öffent-lichen Lotterie zuständig.

[2] Eine entsprechende Frage entsteht in den Fällen der §§ 6 Abs. 2, 9, Abs. 2, 11 W.-Sch.-G.

in Straff., Bd. 36, S. 362, einen Irrtum hinsichtlich der vom Regierungs=
präsidenten auf Grund der §§ 18, 20 des Reichsgef., betr. Abwehr . . . .
von Viehseuchen vom 23. Juni 1880 (1. Mai 1894) erlassenen polizeilichen
Anordnungen für erheblich erklärt; „polizeiliche, für den konkreten Fall ver=
hängte Maßregeln sind lediglich Verwaltungsakte; allgemeine kraft
gesetzlicher Ermächtigung von der zuständigen Verwaltungsbehörde
erlassene Ausführungsverordnungen dagegen müssen zwar als
Rechtsnormen gelten, deren Verletzung die Revision begründet, sie haben
aber nicht die Bedeutung eines Strafgesetzes, und deshalb ist für den
Zuwiderhandelnden die Berufung auf Nichtkenntnis und irrige Auffassung
nicht ausgeschlossen"[1]).

Hielt der Täter eine ausgelegte Schlinge nicht für geeignet zum Fangen
von jagdbaren Tieren oder Kaninchen, so ist dies ein tatsächlicher Irrtum
und er ist nur strafbar, wenn seine Unkenntnis durch Fahrlässigkeit ver=
schuldet war.

Wer die in § 5 W.=Sch.=G., § 368 Nr. 11, enthaltenen Verbote des
Einsammelns von Eiern übertritt, ist trotz Unkenntnis dieser Strafgesetze,
oder obwohl er sich auf die Ansicht von Bauer und Braß (vgl. oben § 4 zu 2)
stützt, zu bestrafen. Nimmt aber jemand, dem das Einsammeln von Kiebitz= oder
Möweneiern aufgetragen ist, an, daß es sich um Benutzung zu wissen=
schaftlichen oder zu Lehrzwecken handle und daß die Genehmigung der
Jagdpolizeibehörde erteilt sei, so handelt es sich um einen tatsächlichen Irr=
tum und es kommt auf Fahrlässigkeit an; ebenso: wenn jemand auf An=
ordnung des Jagdberechtigten Eier von jagdbarem Federwild ausnimmt
in der Meinung, der Jagdberechtigte wolle diese Eier ausbrüten lassen,
was nicht der Fall ist.

d) Unkenntnis betreffs einer etwa auf Grund des § 14 gehörig ver=
kündeten Königl. Verordnung wäre Unkenntnis einer strafrechtlichen Norm.

e) Nimmt ein Jäger irrtümlich an, daß er auf Grund eines durch
§ 19, Abs. 2, W.=Sch.=G. aufrechterhaltenen Landessondergesetzes zur Er=
legung eines jagdbaren Tieres trotz der Schonvorschrift des W.=Sch.=G.
befugt sei, indem er dies Gesetz falsch auslegt, z. B. § 27 der hannov. J.=O.
über den Begriff des „zu Schaden gehenden Wildes", so handelt es sich
um Irrtum im Strafrecht. Entsch. des Kammergerichts bei Johow, Bd. 20,
S. C 24, 25: „Dieser Irrtumsfall stellt sich lediglich als ein solcher über
Erlaubtheit oder Strafbarkeit der Handlung, über den Sinn und den Inhalt
des Strafgef., wie es sich vorliegend aus der Norm, der Strafandrohung
und dem Strafausschließungsgrunde zusammensetzt." Anders, wenn sich der

---

[1]) Vgl. für früheres Recht, Entsch. des Reichsoberhandelsgerichts als höchsten
Gerichtsh. f. Elsaß=Lothr. vom 20. September 1872 in Goltdammers Archiv, Bd. 21,
S. 102 ff.

Täter in Bezug auf tatsächliche Voraussetzungen irrt, z. B. wenn er in Hannover annimmt, das Wild sei im Augenblicke noch in der Schadenszufügung begriffen. (S. 24 a. E.)

XIII. Hinzuweisen ist schließlich noch auf § 2 St.-G.-B.:

1. Abs. 1. Hiernach kann „eine Handlung nur dann mit einer Strafe belegt werden, wenn diese Strafe gesetzlich bestimmt war, bevor die Handlung begangen wurde." Soweit also das neue W.-Sch.-G. eine neue Strafe androht, kann nicht der bestraft werden, der schon vor dem 13. August 1904 die Handlung begangen hat.

2. Abs. 2. „Bei Verschiedenheit der Gesetze von der Zeit der begangenen Tat bis zu deren Aburteilung ist das mildeste Gesetz anzuwenden." Z. B.: A. hat am 12. August 1904 (damals galt das neue W.-Sch.-G. noch nicht) ein Reh geschossen; die Strafe nach dem Gesetz vom 26. 2. 1870 betrug 30 Mk., bei Annahme mildernder Umstände weniger, mindestens 3 Mk., nach dem neuen Gesetz beträgt sie 60 Mk., bei Annahme mildernder Umstände mindestens 15 Mk.; das alte Gesetz ist anzuwenden. Gesetzt: A. hätte am 12. August 1904 ein Rebhuhn während der Schonzeit geschossen; nach dem früheren Gesetze: 6 Mk., bei mildernden Umständen mindestens 3 Mk., nach dem neuen Gesetz 5 Mk. mindestens 1 Mk.; also ist das neue Gesetz anzuwenden, der Täter kann mit 1 Mk., höchstens mit 5 Mk. bestraft werden.

Stelling zu § 1 Anm. 1, I (S. 317) hält den § 2 Abs. 2 auch für anwendbar hinsichtlich des Wechsels der Gesetzgebung betreffend die Jagdbarkeit; er meint deshalb, das neue Gesetz sei anzuwenden, wenn es sich um ein Tier handle, das zurzeit der Tat jagdbar war und Schonzeit hatte, jetzt nicht mehr jagdbar ist, z. B. wilde Kaninchen; er bezieht sich auf seine eigenen Ausführungen in Hannovers Jagdrecht, S. 279 bis 293. Diese Ansicht ist in der Rechtsprechung nicht angenommen.

§ 8.

Ergänzung des Gesetzes durch Königliche Verordnung.

§ 14 des W.-Sch.-G. gestattet bei Einführung oder Einwanderung bisher nicht einheimischer Wildarten Bestimmungen durch Königliche Verordnung über Jagdbarkeit, Festsetzung von Schonzeiten und Androhung von Strafen bei Verletzung der letzteren. Diese Bestimmung ist namentlich unter Berücksichtigung der im Laufe der 80er Jahre des vorigen Jahrhunderts wiederholt erfolgten Einwanderung des Steppenhuhns gemacht; man erachtete es für bedenklich, für einen solchen Wiederholungsfall die gesetzgebenden Körperschaften in Anspruch zu nehmen.

§ 9.

Verhältnis des neuen Gesetzes zum früheren Rechte.

§ 19 des W.-Sch.-G. hebt zunächst

I. alle dem gegenwärtigen Gesetze entgegenstehenden[1] „Bestimmungen"
auf, insbesondere § 24, Tit. XIV der Forst-Ordnung für Preußen und Litauen
vom 31. Dezember 1775 und § 31 der Hannoverschen Jagd-Ordnung vom
3. Mai 1859[2]. Beseitigt sind alle früheren gesetzlichen Bestimmungen der
preußischen Landesgesetze und Provinzialgesetze, sowie die Gewohnheitsrechte,
insbesondere über die Jagdbarkeit der Tiere. Einerseits ist also jedes in § 1
des W.-Sch.-G. genannte Tier auch da, wo es nach früherem Rechte nicht
jagdbar war, jetzt jagdbar; andererseits ist das im § 1 des W.-Sch.-G. nicht
genannte Tier auch dort, wo es bisher jagdbar war, nicht mehr jagdbar. § 1
W.-Sch.-G. zählt die Tiere vollständig auf; nur die genannten sind jagdbar. § 1 W.-Sch.-G. aber spricht nur von Jagdbarkeit der Tiere. Nicht
aufgehoben sind die früheren Gesetze und Gewohnheitsrechte, nach welchem
den Jagdausübungsberechtigten ein ausschließliches Aneignungsrecht auf
andere Sachen, namentlich Hirschgeweihe, zusteht.

Nicht aufgehoben sind Bestimmungen, welche anderen jagdrechtlichen
Materien angehören, namentlich über die Art der Jagdausübung, soweit
sich nicht das neue Gesetz mit ihnen befaßt, wie z. B. betreffend Schlingenstellen, und den Ort der Jagdausübung. In Kraft bleibt also z. B. Art. 31
Abs. 3 des Frankfurter Jagdges. v. 20. 8. 1850: „In den Weingärten und
den zwischen denselben liegenden Grundstücken darf, ehe die Weinlese be-
endigt ist, niemals gejagt werden."[3] In Kraft bleiben alle Bestimmungen,
in denen es sich nicht um Schonung des Wildes und Sicherung der Durch-
führung der Schonvorschriften handelt, so auch über die Sonntagsruhe.

Hinsichtlich der in § 19 Abs. 1 als aufgehoben bezeichneten gesetzlichen
Bestimmungen für Ostpreußen und Hannover sei folgendes bemerkt: Das
Kammergericht nahm die fortdauernde Giltigkeit dieser Bestimmungen an
(vgl. Danckelmann-Engelhard zu § 19 Anm. 1), daß diese Bestimmungen für die Wildlegitimationskontrole dort allein maßgebend und daß
also Polizeiverordnungen dieser Materie nicht zulässig seien. Da die Bestimmungen der erwähnten beiden Gesetze nicht für ausreichend erachtet

---

[1] „Entgegenstehend" ist nicht ganz genau; jedenfalls nicht vollständig. Aufgehoben sind natürlich auch die Bestimmungen der früheren Gesetze, welche in das neue
Gesetz übernommen sind; die neuen sind an Stelle der alten getreten. Das W.-Sch.-G.
von 1870 ist vollständig außer Kraft gesetzt.

[2] Die von Bauer zu § 19, Anm. 1, Abs. 2, als aufgehoben bezeichneten Bestimmungen der alten Jagdordnungen waren schon durch das W.-Sch.-G. von 1870 beseitigt.

[3] Bauer, 3. Aufl., Berichtigung (auf grünem Papier) S. XV, hält diese Bestimmung durch das W.-Sch.-G. für aufgehoben. Warum dies der Fall sein soll, ist nicht
einzusehen.

wurden, so sind sie aufgehoben worden, um den Erlaß polizeilicher Vorschriften auf Grund des § 9 des neuen Gesetzes (vgl. oben § 5 zu V) zu ermöglichen. In Zukunft entscheiden also auch in Ostpreußen und Hannover die Polizeiverordnungen.

II. § 19 Abf. 2 läßt die Befugnisse, welche in einzelnen Landesteilen zum Schutze gegen Wildschaden inbetreff des Erlegens von Wild auch während der Schonzeit gesetzlich bestehen, unberührt[1]). In Betracht kommen:

1. §§ 23, 24 J.=P.=G. vom 7. März 1850,

    α) für dessen Geltungsgebiet,

    β) für Schleswig=Holstein nach § 7 Gef. vom 1. März 1873,

    γ) gleichlautend §§ 25, 26 des Gef. vom 30. März 1867 für ehemal. Herzogtum Nassau,

    δ) desgl. §§ 26, 27 des Gef. vom 17. Juli 1872 für Lauenburg,

§§ 23, 24 lauten:

§ 23: „Wenn die in der Nähe von Forsten belegenen Grundstücke, welche Teile eines gemeinschaftlichen Jagdbezirks bilden, oder solche Waldenklaven, auf welchen die Jagdausübung dem Eigentümer des sie umschließenden Waldes überlassen ist (§ 7), erheblichen Wildschaden durch das aus der Forst übertretende Wild ausgesetzt sind, so ist der Landrat befugt, auf Antrag der beschädigten Grundbesitzer, nach vorhergegangener Prüfung des Bedürfnisses und für die Dauer desselben, den Jagdpächter selbst während der Schonzeit zum Abschusse des Wildes aufzufordern. Schützt der Jagdpächter, dieser Aufforderung ungeachtet, die beschädigten Stellen nicht genügend, so kann der Landrat den Grundbesitzern selbst die Genehmigung erteilen, das auf diese Grundstücke übertretende Wild auf jede erlaubte Weise zu fangen, namentlich auch mit Anwendung des Schießgewehrs zu töten.

(Abf. 2 handelt von Kaninchen, welche hier nicht in Frage stehen.)

Das von den Grundbesitzern infolge einer solchen Genehmigung des Landrats erlegte oder gefangene Wild muß aber gegen Bezahlung des in der Gegend üblichen Schußgeldes dem Jagdpächter überlassen und die diesseitige Anzeige binnen 24 Stunden erstattet werden.“

§ 24: „Auch der Besitzer einer solchen Waldenklave, auf welcher die Jagd nach § 7 gar nicht ausgeübt werden darf, ist, wenn das Grundstück erheblichen Wildschäden ausgesetzt ist und der Besitzer des umgebenden Waldjagdreviers der Aufforderung des Landrats, das vorhandene Wild selbst während der Schonzeit abzuschießen, nicht genügend nachkommt, zu fordern berechtigt, daß ihm der Landrat nach vorhergegangener Prüfung des Bedürfnisses und auf die Dauer desselben die Genehmigung erteilt, das auf die Enklave übertretende Wild auf jede erlaubte Weise zu fangen, namentlich auch mit Anwendung des Schießgewehrs zu töten.

In diesem Falle verbleibt das gefangene oder erlegte Wild Eigentum des Enklavenbesitzers.

In den in den §§ 23 und 24 gedachten Fällen vertritt die von dem Landrate zu erteilende Legitimation die Stelle des Jagdscheines.“

---

[1]) Einen derartigen Vorbehalt enthielt auch § 3 des W.=Sch.=G. von 1870. So auch schon Verordnung vom 18. Mai 1839, Abf. 3, und Verordnung vom 9. Dezember 1842, § 3, hinsichtlich des Rot= und Damwildes zu Gunsten der „im administrativen Wege ergangenen Bestimmungen“.

2. § 27 J.-O. f. Hannover vom 11. März 1859.

Hiernach dürfen:

1. Schwarzwild und in Feldmarken zu Schaden gehendes Rotwild,
2. das in eingefriedigten Tier- und Wildgärten gehegte Wild,
3. Raubtiere, Raubvögel

auch während der Schonzeit erlegt werden."

3. §§ 26, 28 des Kurheff. Gef. vom 7. September 1865:

§ 26: „Jedes übermäßige Hegen von Wild ist untersagt, und ist demgemäß jeder beteiligte Grundeigentümer berechtigt, zu verlangen, daß das Wild in den betreffenden Jagdrevieren nicht in höherem Grade geschont werde, wie solches zur Erhaltung der Jagd erforderlich erscheint."

§ 28: „Schwarz- und Rot- (Edel- und Damwild) darf nur in Parks oder solchen Revieren unterhalten werden, welche dergestalt befriedigt sind, daß das Wild weder ausbrechen, noch an fremdem Eigentum irgend Schaden anrichten kann.

Die Jagdberechtigten haben daher die Verbindlichkeit, solches Wild in dergleichen befriedigte Reviere einzuschließen oder abzuschießen, widrigenfalls letzteres auf Requisition der Ortspolizeibehörde durch den zunächst wohnenden Staatsrevierförster alsbald bewirkt wird."

4. § 18 der bayerischen Verordnung vom 5. Oktober 1863 in den vormals bayerischen Landesteilen, Amtsgerichtsbez. Orb, Weyhers, Hilders:

„Ergibt sich in einem Jagdbezirk ein der Land- oder Forstwirtschaft nachteiliger Wildstand, so hat der zur Jagdausübung Berechtigte denselben in der von der Distriktspolizeibehörde vorgeschriebenen Zeit und in dem von ihr bestimmten Maße abzumindern.

Dasselbe gilt auch bei überhandnahme schädlicher Raubtiere."

5. § 20 des Großherzogl. heff. Gef. 6. August 1810, § 16, Abf. 2, c Verordnung vom 21. September 1815, Art. 13 des Gef. vom 26. Juli 1848 für Starkenburg und Oberheffen, in den ehemals großh. heff. Gebietsteilen:

§ 20: „Sollte ein Jagdberechtigter einen so großen Wildstand bestehen lassen, daß der Schaden, den das Wild in Feldern, Gärten oder Wäldern anrichtet, die den Jagdberechtigten nicht selbst zugehören, sehr beträchtlich wird, so hat unser Oberforstkolleg die Pflicht, auf Anrufen derjenigen, deren Waldungen auf diese Art leiden, oder auf Ersuchen unserer Regierungen unverzüglich dahin zu verfügen, daß der Wildstand dergestalt vermindert werde, damit kein bedeutender Schade mehr geschieht.

Ein übertriebener Wildstand in den eigenen Waldungen des Jagdberechtigten ist nach den Grundsätzen zu behandeln, welche von Walddevastation gelten."

§ 16c: „Wenn Klagen über Wildschaden entstehen, soll auch außer der Jagdzeit auf besondere Anordnung des Oberforstamts geschossen werden, welches sofort, wenn gegründete Klagen in dieser Hinsicht entstehen, die zweckmäßigsten Anordnungen zu treffen hat, zumal wenn von Schwarzwildbret die Rede ist."

Art. 13: „Wird auf einer Gemeinde oder anderen Jagd ein übertriebener Wildstand gehegt, so hat die höhere Polizeibehörde von Amtswegen oder auf Antrag derjenigen, deren Grundstücke dadurch bedroht werden, Anordnungen zur Verminderung des Wildstandes zu treffen."

6. Art. 18 des Landgräfl. hess. Ges. vom 8. Oktober 1849 für das Amt
Homburg:

> „Wird auf einer Gemeinde- oder anderen Jagd ein übertriebener Wildstand
> gehegt, so hat die höhere Polizeibehörde von Amtswegen oder auf Antrag der-
> jenigen, deren Grundstücke dadurch bedroht werden, Anordnungen zur Vermin-
> derung des Wildstandes zu treffen."

7. §§ 12, 13, 16 des Wildschadensges. vom 11. Juli 1891 für ganz
Preußen mit Ausnahme von Hannover, ehem. Kurfürstentum Hessen
und Helgoland:

> § 12: „Ist während des Kalenderjahres wiederholt durch Rot- oder Damwild
> verursachter Wildschaden durch die Ortspolizeibehörde festgestellt worden, so muß
> auf Antrag des Ersatzpflichtigen oder des Jagdberechtigten die Aufsichtsbehörde
> sowohl für den Betroffenen, als auch nach Bedürfnis für benachbarte Jagdbezirke
> die Schonzeit der schädigenden Wildgattung für einen bestimmten
> Zeitraum aufheben und die Jagdberechtigten zum Abschuß auf-
> fordern und anhalten."

> § 13: „Genügen diese Maßregeln nicht, so hat die Aufsichtsbehörde den Grund-
> besitzern und sonstigen Nutzungsberechtigten selbst nach Maßgabe der §§ 23 und 24
> des Gesetzes vom 7. März 1850 (G. S. S. 165) die Genehmigung zu erteilen,
> das auf ihre Grundstücke übertretende Rot- und Damwild auf jede erlaubte Weise
> zu fangen, namentlich auch mit Anwendung des Schießgewehrs zu erlegen."

> § 16: „Die Aufsichtsbehörde kann die Besitzer von Obst-, Gemüse-, Blumen-
> und Baumschulanlagen ermächtigen, Vögel und Wild, welche in den genannten
> Anlagen Schaden anrichten, zu jeder Zeit mittels Schußwaffen zu erlegen. Der
> Jagdberechtigte kann verlangen, daß ihm die erlegten Tiere, soweit sie seinem
> Jagdrechte unterliegen, gegen das übliche Schußgeld überlassen werden.

> Die Ermächtigung vertritt die Stelle des Jagdscheins. Sie darf Personen,
> welchen der Jagdschein versagt werden muß, nicht erteilt werden und ist wider-
> ruflich."

III. Unberührt bleiben nach § 19, Abs. 3, in denjenigen Landesteilen,
in denen das Recht, Kiebitz- und Möweneier einzusammeln, anderen Personen
als den Jagdberechtigten zustehen, diese Rechte bis zum Ablaufe der bei dem
Inkrafttreten des neuen W.-Sch.-G. bestehenden Jagdpachtverträge. Diese
Bestimmung ist im H. d. Abg. auf Antrag des Abg. Meyer-Diepholz
eingefügt worden; „zu berücksichtigen sei, daß die bisherigen Jagdpachtverträge in den Gegenden, wo die Kiebitze nicht jagdbar waren, in der
Weise abgeschlossen seien, daß weder die Verpächter noch die Jagdpächter
wüßten, daß das Kiebitzeiersammeln unter die Jagdnutzungen fallen würde;
der bisherige Jagdpächter würde also ohne den bisherigen Zusatz ein be-
deutendes Wertobjekt in die Hände bekommen, welches er beim Abschluß
des Jagdpachtvertrages garnicht entgolten hätte." D.-L.-F.-M. Wesener
erklärte, daß dem Antrage keine Bedenken entgegenständen (S. 5957).

§ 10.
Eingefriedigte Wildgärten.

I. Nach § 4 des W.-Sch.-G. von 1870 fand das Gesetz keine Anwendung auf Erlegung von Wild „in eingefriedigten Wildgärten"; der Verkauf des während der Schonzeit in solchen Wildgärten erlegten Wildes war jedoch nach Maßgabe des § 7 untersagt. Nach der J.-O. f. Hohenz. § 15 finden die Vorschriften über Schonzeiten keine Anwendung auf das Erlegen oder Fangen von Wild „in eingefriedigten Wildgärten" (vgl. auch § 24, Abs. 3); die Beschränkungen des § 17 über den Handel mit Wild finden auf das in eingefriedigten Wildgärten erlegte oder gefangene Wild keine Anwendung, sofern die Herkunft des Wildes durch Ursprungsschein nachgewiesen ist.

Das neue W.-Sch.-G. schließt

1. Die Vorschriften des § 2 über Schonzeiten bei Wild „in eingefriedigten Wildgärten" aus (§ 2, Abs. 4).

2. Dagegen finden die Vorschriften über Beschränkung des Wildhandels § 6 bis 9 auch auf Wild, welches „in eingefriedigten Wildgärten" erlegt oder gefangen ist, Anwendung (§ 10).

3. Nicht minder gilt das Verbot des § 4 betr. das Aufstellen von Schlingen, in denen sich jagdbare Tiere oder Kaninchen fangen können, auch für Wildgärten. Das ergibt sich zweifelsfrei aus der Strafvorschrift des § 15, Abs. 2, Satz 2.

II. Es fragt sich, was unter „eingefriedigten Wildgärten" zu verstehen ist. Bei der Generaldiskussion im H.-H. machte der Fürst zu Stolberg-Wernigerode (S. 66) darauf aufmerksam, daß das Wort „eingefriedigt" nicht notwendig sei, weil ein Wildgarten als solcher schon selbstverständlich eingefriedigt sein müsse; der Fürst erachtete es ferner für wünschenswert, anstatt des Wortes Wildgarten das Wort „Tiergarten" zu setzen und zwar „aus dem einfachen Grunde, weil dieser Ausdruck auch im Bürgerlichen Gesetzbuche gebraucht werde"; er halte es für praktisch, sich in diesem preußischen Gesetze der Ausdrucksweise des für das Reich geltenden B. G.-B. anzuschließen; der Fürst erklärte bezüglich der Frage, was man unter einem Tiergarten oder Wildgarten zu verstehen habe: seiner Ansicht nach sei es doch allein erforderlich, daß der Garten eingefriedigt sei und zwar so, daß er nach dem natürlichen Laufe der Dinge das Wechseln des Wildes verbiete; bisher habe er geglaubt, daß es auf die Größe des Gartens nicht ankomme; er sei aber irre geworden durch ein ihm vorgelegtes gerichtliches Erkenntnis. Da habe sich das Gericht auf den Standpunkt gestellt, daß der § 960 B. G.-B. „Wild in Wildgärten ist herrenlos" nur dann Anwendung finden solle, wenn der Tiergarten so klein sei, daß

ein gewisser Besitz an dem Wilde möglich erscheine; das betreffende Gericht
habe einige Leute, die Hirschstangen in einem 3000 Morgen großen
Tiergarten gesucht und sich angeeignet hatten, von der Anklage des Dieb=
stahls aus dem soeben angeführten Grunde freigesprochen. Der Fürst
ersuchte zum Schlusse den Minister um seine Meinungsäußerung. — Darauf
erklärte der Minister von Podbielski: Der Ausdruck „eingefriedigter
Wildgarten“ sei aus dem alten W.=Sch.=G. übernommen; es sei also kein
neuer Ausdruck; der alte Ausdruck habe seines Wissens zu Zweifeln keine
Veranlassung gegeben; in der Komm. werde Gelegenheit sein, sich über
diese Angelegenheit noch näher zu äußern. — In der Komm. des H.=H.
wurde ein Antrag im Sinne des Fürsten zu Stolberg=Wernigerode
eingebracht, aber zurückgenommen, nachdem ein Vertreter der Staatsregierung
erklärt hatte: „Tiergarten“ nach Auffassung des B.G.=B. sei ein weit
engerer Begriff als „Wildgarten“, letzterer sei gleich „Gehege“ (Bericht, S. 4,
Abs. 3).

Nach dieser Entwicklung ist unzweifelhaft das größte Gehege, wenn
nur eine gehörige Einfriedigung vorliegt, ein Wildgarten. Von großer Be=
deutung bleibt die Frage, ob „eingefriedigter Wildgarten“ im Sinne des
W.=Sch.=G. mit „Tiergarten“ im Sinne des § 960 B.G.=B. übereinstimmt.

§ 960, Abs. 1, lautet:

> „Wilde Tiere sind herrenlos, solange sie sich in der Freiheit befinden.
> Wilde Tiere in Tiergärten und Fische in Teichen oder anderen geschlossenen
> Privatgewässern sind nicht herrenlos.“

Hat der Eigentümer eines großen Wildparks Eigentum an den darin
gefangen gehaltenen jagdbaren Tieren, z. B. von den Hirschen im Hirsch=
park? Dies wird von der Literatur fast einstimmig verneint[1]). Diese
Ansicht stützt sich auf eine Äußerung in der 2. Komm. z. B. G.=B. (Prot.
Bd. 3, S. 254): von den Tiergärten seien wohl zu unterscheiden „ein=
gehegte Reviere“; das in solchen gehaltene jagdbare Wild gelte wenigstens
in großen Teilen Deutschlands als herrenlos, die rechtswidrige Zueignung
werde als Jagdvergehen, nicht als Diebstahl behandelt.“ Diese Äußerung
gründet sich auf die Entsch. des Reichsger., Straff. Bd. 8, S. 275 (1883),
Bd. 26, S. 218 flg. (1894): da unberechtigtes Jagen im umzäunten Ge=
hege im St.=G.=B. nicht besonders behandelt werde, so entschieden allgemeine
Grundsätze, ob Jagdvergehen oder Diebstahl vorliegt; letzterer würde nur
anzunehmen sein, wenn das gehaltene Wild im Besitze und Eigentume des
Parkeigentümers stände; die tatsächlichen Umstände seien maßgebend; in

---

[1]) Greiff bei Planck, Bd. 3 zu § 960, dgl. Staudinger=Kober zu § 960,
Scherer, Sachenrecht zu § 960, Goldmann=Lilienthal S. 296, Anm. 5, Müller
und Meikel, Lehrbuch B. 1, S. 769, Matthiaß, Lehrbuch Bd. 2, § 25, Dalcke, Jagd=
recht S. 195; Stelling Jagdges. zu § 2 J.=O., Anm. 7 (S. 51), zu § 2 W.=Sch.=G.,
Anm 3 (S. 327).

dieser Hinsicht kämen die sehr verschiedenen Verhältnisse der Einparkung, die „Art und Beschaffenheit" der Zugänge, insbesondere die Bewachung derselben, die etwa in dem Parke befindlichen Wohnstätten und auch die „große oder geringe Ausdehnung des umzäunten Raumes" in Betracht.

Diesem Standpunkte kann ich mich nicht anschließen. Der Parkeigentümer hat m. E. auch im größten Gehege Eigentum an den durch die Umzäunung am Entweichen absichtlich verhinderten jagdbaren Tiere. Diesen Standpunkt vertraten die Motive zum 1. Entw. d. B. G.=B., Bd. 3, S. 371: „das Gefängnis kann ein engeres oder ein weiteres, also auch ein eingehegtes Grundstück" sein. Dafür spricht nun aber auch der klare Wortlaut des § 960, Abf. 1: neben einander gestellt sind „wilde Tiere in Tiergärten" und „Fische in Teichen oder anderen geschlossenen Privatgewässern"; also nicht blos Fische in Teichen, auch solche in „anderen geschlossenen Privatgewässern". Daß der Gesetzgeber bezüglich der Fische einen anderen Standpunkt, wie beim Wilde annahm, ist gewiß nicht anzunehmen, wird auch von Niemandem behauptet. Es kommt also lediglich darauf an, ob die Gewässer geschlossen sind, nicht auf die Größe. Hätte man an kleine Gewässer, wie Teiche gedacht, so hätte man sagen müssen „in Teichen oder anderen derartigen geschlossenen Privatgewässern". — Dazu kommt der Gegensatz: den wilden Tieren in Tiergärten stehen die wilden Tiere „in der Freiheit" gegenüber. Ist denn ein Hirsch im großen Gehege in der Freiheit? Wer wollte dies annehmen? Meinem Verständnis von Freiheit entspricht es jedenfalls nicht. — Vom Standpunkte der entgegenstehenden herrschenden Meinung aus würde auch ein aus dem Auslande mitgebrachtes wildes Tier wieder herrenlos werden, wenn man es in einen großen Wildpark setzte und könnte dies also, wenn es kein jagdbares Tier wäre, von jedem Dritten okkupiert werden. Wer wollte dies Ergebnis gut heißen?

Für die hier vertretene Meinung sprechen nun aber besonders allgemeine Grundsätze: Der Eigentumserwerb an einem herrenlosen Tiere vollzieht sich nach § 958, Abf. 1, B. G.=B., dadurch, daß man das Tier in Eigenbesitz nimmt. Eigenbesitz hat nach § 872 „wer die Sache als ihm gehörend besitzt", d. h. mit dem Willen, Eigentümer zu sein. Da dieser Wille beim Wildparkeigentümer vorhanden sein wird, so fragt es sich also nur, ob er im großen Gehege Besitzer der Tiere ist. Gewiß ist dies bei den durch den Park der Freiheit nicht beraubten Tiere, wie namentlich den Vögeln, gegebenenfalls den Hasen u. f. w., nicht der Fall. Bei den der Freiheit beraubten Tieren aber ist Besitz anzunehmen. Die meisten allerdings sagen, wie Dalcke, S. 195: Der Besitzer müsse „jeden Augenblick in der Lage sein, ein bestimmtes Tier zu töten, bezw. zu ergreifen und so tatsächlich in seine Gewalt zu bringen." So auch Danckelmann=Engelhardt, zu § 2,

Anm. 18. Trifft dies denn bei einem Fische im Fischteiche zu, z. B. nachts 1 Uhr? „Jeden Augenblick"?

Ob zur Vornahme einer Besitzhandlung eine kürzere oder längere Zeit notwendig ist, erscheint vollständig gleichgiltig. Ich werde unzweifelhaft Besitzer eines Briefes, der in den von mir angebrachten Briefkasten geworfen wird, auch dann, wenn ich mehrere Stunden weit von meiner Wohnung entfernt bin, ja sogar dann, wenn ich mich auf der Reise, etwa in Tirol oder gar in Amerika, befinde; selbst dann, wenn ich noch mehrere Monate daselbst zu bleiben gedenke, ja sogar dann, wenn ich durch eine Krankheit gegen meinen Willen noch längere Zeit ferngehalten werde. Ob ich einen Schritt zu machen habe, um die Verfügungsgewalt zu betätigen, oder ob ich 4 Wochen lang zu dem Zwecke reisen muß, ist ganz gleichgiltig, wenn nur das Eine feststeht, daß ich schließlich über die Sache die tatsächliche Gewalt betätigen kann. So lange also der Brief in dem Briefkasten bleibt, bleibe ich Besitzer. Nach § 854, Abs. 2, B. G.-B. kann ich unzweifelhaft Besitzer eines im Walde stehenden Baumes durch einfache Einigung mit dem Waldbesitzer werden, wenn ich nur in der Lage bin, die Gewalt über die Sache auszu= üben; z. B. der Waldbesitzer X. trifft mit mir in Stuttgart zusammen und verkauft mir dort einen bestimmten, in seinem bei Memel belegenen Walde befindlichen Eichstamm; wir einigen uns über sofortigen Besitzübergang. Ich werde Besitzer des Stammes, obwohl ich längere Zeit nicht in den Wald bei Memel gelange, zunächst meine Reise nach der Schweiz fortsetze, in dem Walde bei Memel vielleicht tagelang nach dem Stamme suchen muß.

Daß ich „jeden Augenblick" die Verfügungsgewalt müsse betätigen können, ist nach der ganz klaren Vorschrift des § 854, Abs. 2, ganz un= zweifelhaft nicht erforderlich [1]). Mit Sicherheit ist es mir möglich, auch in den größten Wildgärten das jagdbare Tier zu erlegen, wenn ich nur die erforderlichen Anstalten treffe, mag es auch nicht so ganz einfach sein und einige Zeit hindurch nicht gelingen.

Zu Gunsten des hier vertretenen Standpunktes hat sich schon vor 1900 Ziebarth, Forstrecht, S. 386, Mündener Hefte, Bd. 4, S. 120 Abs. 2, für das preuß. Recht erklärt. Dies entsprach der Rechtsprechung des preuß. Obertribunals, betreffend §§ 216, 217 des preuß. St.-G.-B. von 1851. § 216 bedrohte den Diebstahl mit Gefängnis nicht unter einem Monat (bei Annahme mildernder Umstände nicht unter einer Woche). § 217 erhöhte auf Gefängnis nicht unter 3 Monaten (bei mildernden Umständen nicht unter 2 Wochen), wenn „Wild aus umzäunten Gehegen, Fische aus Teichen oder Behältern" u. s. w. gestohlen werden. Das Ober=Tribunal brachte diese Vorschrift auch beim großen Gehege zur Anwendung, auch wenn die Tore unverschlossen seien oder gelegentlich offenständen, selbst wenn Menschen

---

[1]) Was ich hier über Besitz und Besitzerwerb im allgemeinen gesagt habe, ist nicht nur meine Ansicht: es ist allseitig anerkannt.

darinnen wohnten, z. B. im Harz, wo in einem Gatter ein ganzer Ort, Treseburg, liegt. Durch das Gatter sollten nicht Menschen ferngehalten, sondern das Wild sollte am Entweichen verhindert werden. So 17. 12. 1857, 21. 10. 1868 (Oppenhoff, Rspr., Bd. 9, S. 573), 3. 12. 1869 (Goltd. Arch., Bd. 6, S. 27), 10. 5. 1875 (amtl. Entsch. Bd. 16, S. 361). Vgl. Wirschinger, Das Jagdrecht des Königreichs Bayern, S. 186 ff. und die dort noch angeführten (Stenglein, Zeitschrift). Ebenso das Oberlandesgericht zu München (18. November 1893) für das Gebiet des bayer. Landrechts: daß der Parkbesitzer nicht jeden Augenblick das einzelne Wild in „tatsächlichem Besitze“ habe, sei unerheblich, da der Begriff des Gewahrsams, d. i. der tatsächlichen Verfügungsgewalt, wie auch die Rechtsprechung des Reichsgerichts anerkannt hat, keineswegs verlange, daß der betreffende Besitzer sich in jedem Augenblicke in der Lage befinde, seine Verfügungsgewalt tatsächlich geltend zu machen, es vielmehr genüge, wenn die betreffende Sache nur innerhalb seines Verfügungsbereichs sich befinde, so daß es im gegebenen Falle keinen Unterschied mache, ob das umzäunte Gehege eine größere oder geringere Ausdehnung habe; demnach stünden Hirsche in einem allseitig umzäunten Parke im Besitze und Eigentume des Parkeigentümers; das Gleiche gelte für die im Parke abgeworfenen Geweihstangen, auch diese stünden — selbst im großen Gehege — im „ständigen Gewahrsame des Parkeigentümers“. Die rechtswidrige Wegnahme der abgeworfenen Geweihe wurde als Diebstahl bestraft. (Staudinger, Blätter f. Rechtsanwendung, Bd. 59, S. 269.) Auch das Oberlandesgericht zu Köln hat am 20. Dezember 1895 Besitz und Eigentum des Parkeigentümers angenommen:

„Der Vorderrichter stellt in tatsächlicher Hinsicht fest, daß der Angeklagte am 30. Mai 1895 innerhalb des eine Fläche von etwa 12 500 ha umfassenden forstfiskalischen Gatters eine abgeworfene Hirschstange (Geweih) gefunden und sich angeeignet habe, verneint aber, daß derselbe sich dadurch der ihm zur Last gelegten Unterschlagung oder auch einer anderen strafbaren Handlung schuldig gemacht habe, weil jenes Geweih als eine herrenlose Sache anzusehen und als solche der freien Okkupation unterlegen habe. Es habe nämlich der Fiskus keineswegs, wie die Anklage annehme, durch jene Eingatterung das Eigentum bezw. den Gewahrsam an den innerhalb des Gatters befindlichen Hirschen erlangt; dies ergebe sich schon allein aus der Größe der eingefriedigten Fläche, welche ausschließe, daß der Fiskus in jedem Augenblick in der Lage sei, einen bestimmten, in dem Gatter befindlichen Hirsch durch Töten oder Einfangen in seine Verfügungsgewalt zu bringen, weiter aber auch besonders aus der Beschaffenheit der Einfriedigung, welche nicht allein durch Naturereignisse an einzelnen Stellen beschädigt oder zerstört werde, sondern auch von zahlreichen öffentlichen Wegen durchschnitten sei, deren Abschlußtore von Jedermann geöffnet werden könnten und von den Passanten nicht immer wieder geschlossen würden und unter Umständen stundenlang und sogar Nächte hindurch offen ständen, sodaß nicht nur einzelnen Hirschen, sondern ganzen Rudeln das Auswechseln möglich gemacht werde. Es könne somit von einer durch die Eingatterung geschehenen Okkupation der Hirsche durch den Fiskus, noch weniger aber von einer solchen bezüglich der abgeworfenen Stangen die Rede sein, welche in dem ausgedehnten Gatter meist im Dickicht verborgen lägen und oft erst nach Jahren gefunden würden.

Diese Ausführung des Vorderrichters läßt eine zu enge Auffassung des Begriffes des Gewahrsams erkennen. Kann es auch nicht zweifelhaft sein, daß die bloße Tatsache, daß Hirsche sich in einem eingegatterten Raume befinden, zur Feststellung des Gewahrsams des Eigentümers dieses Raumes bezw. des Jagdberechtigten an jenem Wilde nicht genüge und Verhältnisse obwalten können, bei welchen ungeachtet einer solchen Einfriedigung von einer Verfügungsgewalt jener Personen über das Wild nicht gesprochen werden kann, so kann doch ein solches Verhältnis nicht schon allein dadurch gegeben sein, daß der umfriedigte Raum eine beträchtliche Größe hat und dadurch das Ergreifen und Töten des Wildes mit gewissen Schwierig= keiten und Aufwendungen verbunden ist und nicht sofort nach Belieben geschehen kann. Entscheidend kann vielmehr nur sein, ob das Wild durch die Beschaffenheit der Umfriedigung verhindert werde, sich der gewollten Tötung bezw. Ergreifung durch die Flucht zu entziehen, oder nicht.

Es kann aber auch bei einem umfriedigten Raume von der hier in Rede stehenden Größe nicht in Betracht kommen, ob bisweilen einzelne Zugänge zu Wegen, welche den= selben durchziehen, auf kürzere oder längere Zeit offen stehen oder die Umfriedigung vorübergehend an einzelnen Stellen beschädigt oder zerstört und so den Hirschen bis= weilen die Möglichkeit zum Auswechseln gegeben werde, da ein solches Auswechseln vermöge der natürlichen Scheu des Wildes, die es vornehmlich das Dickicht aufsuchen und den Wegen fern bleiben läßt, an sich nur selten eintreten und auch dann das Wild fast stets wieder in das verlassene Gehege zurückwechseln wird. Wollte man wegen solcher vereinzelter Fälle des Auswechselns die Verfügungsgewalt des Eigentümers des eingefriedigten Raumes bezw. des Jagdberechtigten über das sämtliche Hochwild in jenem Gehege für aufgehoben erachten, so würde von einem Gewahrsam durch Einfriedigung bezüglich desselben niemals, am allerwenigsten aber dann die Rede sein können, wenn der eingefriedigte Raum ein kleiner ist, da es nicht zu vermeiden sein wird, daß bis= weilen der eine oder andere Zugang geöffnet bleibe, in welchem Falle aber das Wild des kleineren Raumes die Öffnung um so leichter auffinden wird.

Sind aber somit auch nach den von dem Vorderrichter festgestellten tatsächlichen Verhältnissen die eingefriedigten Hirsche als im Gewahrsam und Eigentum des Fiskus befindend zu erachten, so muß dasselbe hinsichtlich der abgeworfenen Geweihe gelten. Die Zueignung des hier in Rede stehenden Geweihes seitens des Angeklagten stellt sich daher als eine rechtswidrige dar."

Unter der Herrschaft des B. G.=B. hat auch das Reichsgericht, 6. Zivil= senat, am 9. Januar 1902 Besitz und Eigentum des Parkeigentümers am Rotwilde angenommen. Es handelte sich um den 3600 ha großen Hirschpark des Fürsten Henckel v. Donnersmarck. Diesen Park durch= schneidet die Eisenbahn. Wiederholt wurde durch die Eisenbahnzüge Rot= wild überfahren. Der Fürst klagte auf Grund des § 25 des preuß. Eisenbahnges. vom 3. November 1838 gegen den Fiskus auf Schadens= ersatz[1]). Das O.=L.=G. zu Breslau machte die Verurteilung des Beklagten

---

[1]) „Die Gesellschaft ist zum Ersatz verpflichtet für allen Schaden, welcher bei der Beförderung auf der Bahn, an den auf derselben beförderten Personen und Gütern, oder auch an anderen Personen und deren Sachen, entsteht . . . ." Die Sachen müssen also bereits in fremdem Eigentume stehen!

davon abhängig, daß dem Fürsten nicht blos das Jagdrecht, sondern auch schon das Eigentum am eingegatterten Wilde zustehe; es nahm Besitz und Eigentum an, weil nach den örtlichen Verhältnissen das im Wildpark eingeschlossene Rotwild vollständig am Austreten gehindert und damit seiner natürlichen Freiheit beraubt sei. Das Reichsgericht hat dies gebilligt (vgl. Schultz' Jahrbuch I, S. 53 ff., Monatsh. 1902, S. 33 ff.). Leider ist diese Entscheidung meines Wissens bisher nicht genügend beachtet worden. — Auch der Ferienstrafsenat des Reichsgerichts hat am 9. August 1902 (Jur. Wochenschrift 1903, Bd. 32, S. 80, Nr. 29) den § 960 B. G.=B. angewendet, ohne auf die Größe des Parks ein Gewicht zu legen; allerdings war der Wildpark nur 120 ha groß, also erheblich kleiner als der des Fürsten Henckel, aber doch immerhin 120 ha. „Da der erste Richter feststellt, daß der etwa 120 ha große Wildpark vollständig mit einer mindestens 2 Meter hohen Einzäunung umgeben und derart umschlossen ist, daß kein Stück von dem darin gehegten Wilde den Park verlassen kann, falls nicht absichtlich oder fahrlässigerweise die fest geschlossenen Tore offen gelassen werden, ist dieser Wildpark als ein Tiergarten im Sinne des § 960 B. G.=B. anzusehen; die Freiheit der eingehegten Tiere ist aufgehoben und das Eigentum daran für den Besitzer des Wildparks erworben." Die Angeklagten hatten den Zaun überstiegen und sich einen Damhirsch zugeeignet; sie sind wegen gemeinen Diebstahls, und zwar schweren Diebstahls bestraft (§§ 242, 243, Nr. 2 St.=G.=B.).

Ich mache noch darauf besonders aufmerksam, daß diese Reichsgerichtsentscheidungen die neueren Entscheidungen sind; man wird also annehmen dürfen, daß der höchste Gerichtshof den früheren Standpunkt verlassen hat.

Von den neueren Schriftstellern steht Endemann, Einführung, Bd. 2, § 86 bei Anm. 9 (9. Aufl., S. 561) auf dem hier vertretenen Standpunkt, indem er zwischen Tiergarten und Gehegen nicht unterscheidet und die tatsächliche Gewalt über das einzelne Tier nicht für erforderlich erklärt. Letzteres ist bedenklich ausgedrückt. Sachlich aber hat er, wie gezeigt, recht.

Ich habe wohl die Meinung vertreten hören, daß zwar der Eigentümer eines großen Geheges Eigentümer der im letzteren festgehaltenen Tiere, nicht aber Besitzer sei; Besitz sei aus dem Gesetze nicht herzuleiten, aber das Eigentum sei nach § 960 B. G.=B. anzunehmen. Dem kann man hinsichtlich des Besitzes nicht zustimmen. Gesetzt: Das Gehege habe Einsprünge, ein bisher herrenloser Hirsch springt ein. Nach jener Ansicht würde der Parkeigentümer Eigentümer des Tieres gemäß § 960, durch welche Eigentumserwerbsart? Doch gewiß nur durch Aneignung. Von einer anderen kann gar keine Rede sein, und § 960 steht unter der Überschrift „Aneignung". Die Aneignung aber vollzieht sich nach § 958 durch Erwerb des Eigenbesitzes! — Bei Anwendung des § 960 kommt es gerade auf die Frage des Besitzerwerbs entscheidend an; so richtig Greiff

bei Planck zu § 960 Anm. 2 Abs. 2 unter Bezugnahme auf die oben er=
wähnten Entscheidungen des Reichsgerichts, Bd. 8 und Bd. 26 in Straf=
sachen.

III. Die Folgerungen aus der hier vertretenen Ansicht sind im wesent=
lichen folgende:

1. Der Parkeigentümer, hat gegen den, der ihm ein eingegattertes
Tier oder ein abgeworfenes Geweih oder Rehgehörn entzieht, Besitz= und
Eigentumsklage.

2. Der „Wilderer" ist hinsichtlich des durch die Umzäunung gefangenen
Wildes[1]) nicht wegen Jagdvergehens, sondern wegen gemeinen Dieb=
stahls zu bestrafen (soweit ihm nicht, weil er eine andere zivilrechtliche
Auffassung hat und kein dolus eventualis festgestellt wird, § 59 St.=G.=B.
zur Seite steht).[2])

3. Die „Jagd" auf die der Freiheit beraubten jagdbaren Tiere ist
keine Jagd im gewöhnlichen Sinne. Das „Jagdrecht" des Eigentümers
ist nicht, wie das Jagdrecht im gewöhnlichen Sinne, ein Ausfluß des
Eigentums am Grund und Boden, sondern ein Ausfluß des Eigentums
am Wilde.

Deshalb bedarf der Wildparkeigentümer zur „Jagd" auf die in seinem
Eigentume stehenden Tiere keines Jagdscheins.

4. Das W.=Sch.=G. findet keine Anwendung.

Stellt sich das neue W.=Sch.=G. auf diesen Standpunkt? Danckel=
mann=Engelhard, zu § 2 Anm. 18 verneinen. Im H.=H. bemerkte
Geheimrat Engelhard (4. März, S. 121): grundsätzlich findet das
W.=Sch.=G. auch auf die Wildgärten Anwendung.

Meines Erachtens findet das W.=Sch.=G. grundsätzlich keine Anwendung.

Man wird nach den Beweggründen fragen müssen, aus denen der
Gesetzgeber die Anwendung der Vorschriften über die Schonzeit in Wild=
gärten ausschließt. Hierauf wird von den Vertretern der Danckelmann=

---

[1]) Hinsichtlich des übrigen Wildes, z. B. eines Fasans, natürlich nur wegen Jagd=
vergehens.

[2]) Möglicherweise ein nach § 243 St.=G.=B. mit Zuchthaus zu bestrafender schwerer
Diebstahl, d. i. mittels Einsteigens aus einem umschlossenen Raume; dies wäre der Fall,
wenn die umschließende Vorrichtung nicht blos den Zweck hat, das Wild gefangen zu
halten, sondern auch „die Eigenschaft eines schützenden Hindernisses gegen das willkürliche
Eindringen Unberechtigter". (Reichsgericht, Straff. Bd. 8, S. 275 am Ende; vgl. auch
Bd. 26, S. 218, Danckelmann=Mundt, Jahrb. 1895, S. 92.) — Wer aus einem so
eingerichteten Wildpark, wie es deren mehrere gibt, ein jagdbares Tier oder ein Geweih
fortnimmt, nachdem er über die Einschließung eingestiegen ist, in dem Bewußtsein, daß
er sich dadurch (möglicherweise) eine in fremdem Eigentume stehende Sache zueignet,
könnte mit Zuchthaus (z. B. nach erheblichen Vorstrafen) und müßte selbst bei mildester
Beurteilung mit 3 Monaten Gefängnis bestraft werden. Manchem mag dies hart er=
scheinen; mir gefällt's!

Engelhardschen Ansicht geantwortet: Der Grund der Ausschließung sei die Wildpflege mit der Büchse; es müsse dem Wildgartenbesitzer, der für die Erhaltung und Erziehung eines guten Wildstandes in dem Gehege viel Geld aufwende, gestattet sein, jederzeit die dem übrigen Wilde schädlichen Stücke zu beseitigen; auch komme es bei dem starken Wildstande der Wild=gärten häufiger als in freier Wildbahn vor, daß ein Stück Wild zu Schaden komme; dies Stück müsse der Wildgartenbesitzer jederzeit erlegen dürfen.

Meiner Überzeugung nach ist der entscheidende Grund für die Aus=schließung des Wildes im eingefriedigten Wildgarten von der Vorschrift über Schonzeit der, daß der Eigentümer des Wildgartens Eigentümer des darin gefangen gehaltenen Wildes ist.

Treffend bemerkt Lehfeld: Jagdrechtskunde, S. 76 zu § 3 des W.=Sch.=G. von 1870: Dies Gesetz finde deshalb keine Anwendung, weil das Wild in Wildgärten rechtlich als „besitzhaft" gelte, mit welchem der Jagdherr im Gegensatze zum Wilde in freier Bahn nach Belieben schalten könne. Auch Bauer in der älteren wie jetzt in der dritten Ausgabe seiner Jagdgesetze (3. Aufl., S. 185, Anmerk. 27) legt entscheidendes Gewicht auf das Eigentum des Wildgartenbesitzers am Wilde.

Von dem hier eingenommenen Standpunkt aus kann die Vorschrift des § 2, Abs. 4, wonach die Vorschriften über Schonzeiten auf Wild in eingefriedigten Wildgärten keine Anwendung finden, nur auf solches Wild angewendet werden, welches gefangen gehalten ist, namentlich also nicht auf Vögel in der Freiheit. § 2, Abs. 4 ist also einschränkend auszulegen.

Bei Annahme der entgegengesetzten Meinung würde überdies die Preis=aufgabe zu stellen sein: wie groß muß ein Park sein, um nicht „Tier=garten", sondern „eingefriedigter Wildgarten zu sein"? wann ist das Gelände so umfangreich, daß man den Park als „Gehege "bezeichnen muß? ich selbst würde mich an Lösung dieser Aufgabe nicht beteiligen können. Wer von den Gegnern glaubt, diese Aufgabe befriedigend lösen zu können, mag es ver=suchen; nur müßte die Begründung etwas tiefer gehen, als mit der Vor=stellung von der Betätigung der Verfügungsgewalt „in jedem Augenblicke", die praktisch wertlos und, wie oben gezeigt, vom Standpunkte der Besitz=lehre völlig unhaltbar ist. Auch müßte sich die Erörterung mit den oben S. 92, 93 erwähnten Reichsgerichtsentscheidungen auseinandersetzen.

Noch muß ich einer in Jägerkreisen vorkommenden Rechtsvorstellung widersprechen. Einige meinen: der Eigentümer des großen Geheges habe ein ausschließliches Recht der Aneignung der gehegten Tiere; dies An=eignungsrecht sei kein aus dem Grundeigentume fließendes, sondern ein an dem Wilde selbst haftendes. Dies ist in Preußen unmöglich. Nach dem Gesetze vom 31. Oktober 1848 ist das Jagdrecht unter allen Umständen ein Ausfluß des Rechts am Grund und Boden.

Meines Erachtens entspricht die vom Fürsten zu Stolberg-Wernigerode vertretene Rechtsauffassung dem natürlichen Rechtsgefühl und dem praktischen Bedürfnisse mehr als die oben entwickelte entgegengesetzte Meinung. Sie entspricht auch unserem geltenden Rechte.

Das W.-Sch.-G. findet m. E. nur Anwendung, soweit dies ausdrücklich bestimmt ist:

1. §§ 6 bis 9 über Wildhandel (§ 10),

2. § 4 über Verbot des Schlingenstellens (§ 15, Abs. 2, Satz 2).

Gesetzgeberisch lassen sich diese Bestimmungen leicht rechtfertigen. Zu 1: Die Begr. geht davon aus, daß in der Regel das W.-Sch.-G. auch auf den Wildgarten Anwendung finde, und bemerken zu § 10: eine Ausnahme zu machen, sei nicht erforderlich. Der wirkliche Grund liegt in der Sicherung der polizeilichen Kontrolle über das in freier Wildbahn erlegte Wild. Zu 2. Das Verbot des Schlingenstellens bedarf für den wirklichen Weidmann keiner näheren Begründung. Nur darauf ist noch aufmerksam zu machen, daß im Wildgarten auch Wild vorkommt, das durch die Umzäunung nicht gefangen gehalten wird und also nicht im Eigentume des Grundeigentümers steht, so daß auf dies Wild die allgemeinen Jagdgesetze meines Erachtens Anwendung finden.

Unter den obwaltenden Umständen entsteht schließlich die wichtige Frage, ob die Wildgärten während der Schonzeit Einsprünge haben dürfen. Bekanntlich waren letztere nach A.-L.-R. § 60 II, 16 verboten; dies Verbot aber ist durch § 3 des Ges. v. 31. Oktober 1848 beseitigt (Entsch. d. Obertrib. B. 73, S. 72). Nach der hier vertretenen Ansicht vollzieht sich durch das Einspringen des Hirsches in den Wildpark ein Eigentumserwerb. Nach dem Wortlaute des W.-Sch.-G. möchte dieser Erwerb unzulässig erscheinen, da es sich um ein „Einfangen" handelt. Wenn aber, wie hier geschehen, die Anwendung des W.-Sch.-G. auf Wildgärten für grundsätzlich ausgeschlossen erachtet wird, so läßt sich die Meinung vertreten, daß die Einsprünge offen stehen bleiben dürfen, wogegen gesetzgeberische Bedenken meines Wissens nicht bestehen.

§ 11.

Strafprozeß.

1. Die deutsche Strafprozeßordnung findet Anwendung. In „Feld- und Forstrügesachen" darf nach § 3 Abs. 3 Einf.-G. z. St.-P.-O. die Landesgesetzgebung Bestimmungen treffen; von dieser Befugnis ist z. B. im preußischen Forstdiebstahlgesetze von 1878 Gebrauch gemacht. Eine gleiche Befugnis besteht nicht für Jagdsachen; das neue W.-Sch.-G. berührt den Prozeß nicht. Nach § 94 St.-P.-O. ist die Sicherstellung und nötigenfalls Beschlagnahme der Gegenstände zulässig, die „als Beweismittel für die

Untersuchung von Bedeutung sein können oder der Einziehung unterliegen". Wenn Braß, Monatsh. 1904, S. 258 ff., 322, dies bestreitet, so beruht dies auf einer Verwechslung, wie dies S. 294 der Monatshefte bereits richtig gestellt ist. — Die Anordnung der Beschlagnahme steht nach § 98 St.-P.-O. bei Gefahr im Verzuge auch den Hilfsbeamten der Staatsanwaltschaft zu.

Sobald aber feststeht, daß die Bestrafung einer bestimmten Person nicht möglich ist, kann von einer Einziehung, wie oben ausgeführt, nicht die Rede sein; da nun auch das Wild als Beweis= mittel nicht in Frage kommen kann, so ist die Beschlagnahme in diesem Falle unzulässig; hier also eine bedauerliche (kleine) Ver= schlechterung des früheren Rechtszustandes. Z. B.: eine italienische Hand= lung sandte 1895 aus Italien einer Firma zu Berlin 400 lebende Wachteln während der Schonzeit; die Wachteln wurden sofort nach Ankunft von der Polizei beschlagnahmt und in Freiheit gesetzt; das Kammergericht (Johow, Bd. 17, S. 412) bestätigte dies und hielt die Einziehung für geboten. Nach jetzigem Rechte dürfte ein solches Verfahren leider nicht so ohne weiteres zulässig sein. Allerdings handelt es sich um eine Versendung (§ 16), aber nur um eine solche des italienischen Kaufmanns. Dieser kann, wenn er bekannt ist, unter Voraussetzung der Richtigkeit des oben S. 50 zu a angenommenen Begriffs der „Versendung" und unter Berücksichtigung der §§ 318 flg. St.-P.-O. über Verfahren gegen Abwesende, in Preußen auf Geldstrafe und Einziehung (§ 319 St.-P.-O., § 16 Abf. 3 W.-Sch.-G.) erfolgreich belangt werden. Ist aber der Absender der Tiere unbekannt, so ist ein Verfahren auf Bestrafung unmöglich, also auch die Einziehung unzulässig, da letztere nur neben der Strafe gestattet ist. In diesem letzteren Falle braucht sich der in Preußen wohnende Adressat — im obigen Beispiele der Kaufmann zu Berlin —, wenn er bereits in den Besitz der Tiere gelangt ist, die Beschlagnahme und Einziehung nicht gefallen zu lassen; er ist nach Empfang der Tiere als Eigentümer anzusehen; einer straf= baren Handlung ist er vom Standpunkte der Versendung nicht schuldig. Hat er aber den Besitz der Tiere noch nicht erlangt, so ist er noch nicht Eigentümer; der Behörde steht also nur der unbekannte fremde Absender gegenüber. Wenn die Polizei die Tiere jetzt in Freiheit setzt, so ist sie ge= sichert, denn „wo kein Kläger, da ist kein Richter". Im übrigen ist nach § 16 die Bestrafung in Preußen nur zulässig gegen den, der hier zum Verkaufe herumträgt, oder ausstellt oder feilbietet, verkauft, ankauft oder den Verkauf vermittelt. In Betracht käme in einem Falle wie dem obigen außer der Versendung zunächst nur der Ankauf. Der Berliner Adressat wird den Kauf bestreiten; wahrscheinlich läßt sich der Kauf nicht beweisen.[1]

---

[1] Über Beschränkung der Einfuhr und Durchfuhr lebender Wachteln hat die deutsche Regierung mit der französischen 28. Nov. (31. Dez.) 1901 ein Abkommen getroffen, welches für die Dauer der Schonzeit in Bayern, Württemberg, Sachsen, Elsaß=Lothringen

Anders liegt der Fall, wenn der hiesige Adressat nachweisbar gekauft hat, wenn er zum Verkauf ausstellt oder feilbietet u. s. w.; alsdann ist er zu bestrafen (§ 6) und ist das Wild neben der Strafe einzuziehen (§ 16 Abs. 1), auch zu dem Zwecke zu beschlagnahmen (§ 94 St.-P.-O.).

2. Im Rahmen der St.-P.-O. §§ 453 ff., §§ 447 ff., und des preuß. Ges. vom 23. April 1883, betr. den Erlaß polizeilicher Strafverfügungen wegen Übertretungen, darf eine polizeiliche Strafverfügung bezw. ein amtsrichterlicher Strafbefehl erlassen werden. Ersterer darf Geldstrafe bis 30 Mk. ev. Haft bis 3 Tage; letzterer Geldstrafe bis 150 Mk., Haft bis 6 Wochen; beide dürfen Einziehung androhen. Gegen Strafverfügung ist Antrag auf gerichtliche Entscheidung, gegen Strafbefehl Einspruch zulässig, beide binnen einer Woche.

§ 12.
Einige Bemerkungen zu Bestimmungen des Bürgerlichen Gesetzbuchs.

Die Bestimmungen des W.-Sch.-G. gehören in der Hauptsache dem öffentlichen Rechte an. Daß aber Wechselbeziehungen zum bürgerlichen Rechte in Frage stehen, ist an mehreren Stellen dieser kleinen Schrift bereits gezeigt, z. B. Jagdbarkeit der Tiere (S. 23 flg.), Aneignung gemäß § 958 Abs. 1 B.-G.-B. (S. 62), Bedeutung des Notstandes im Sinne des § 228 B.-G.-B. für den Begriff der Jagdausübung (S. 66), „Gewalt" des Mannes über die Frau (S. 74/75), Besitz und Eigentum am Wilde im Wildparke (S. 87 flg.).

Von besonderer Bedeutung sind aber noch folgende Fragen:

1. Steht die Übertretung des Wildschongesetzes dem Erwerbe des Eigentums durch Aneignung entgegen (§ 958 Abs. 2 B.-G.-B.)?

§ 903 Abs. 2 des Entw. d. B.-G.-B. lautete:

> „Das Eigentum wird nicht erworben, wenn die Zueignung gesetzlich verboten ist oder das Zueignungsrecht eines Andern verletzt."

In Betracht kommen also zwei verschiedene Hindernisse des Eigentumserwerbs. Bei Beantwortung der oben aufgeworfenen Frage handelt es sich nur um das erstere (gesetzliches Verbot der Zueignung). Hierzu bemerken die Motive Bd. 3, S. 369/370:

> „Die Vorschrift des zweiten Absatzes weist auf Ausnahmen von der Rechtsnorm hin, welche aus anderweiten Rechtsvorschriften sich ergeben. Die gesetzlichen

---

und Provinz Schlesien ein vollständiges Verbot enthält. (Schultz-Scherr-Thoß S. 59 Anm. 16); Monatsh. 1902, S. 323. — Vgl. auch oben § 7 zu VIII. — Vgl. endlich das am 19. März 1902 zu Paris zwischen Deutschland, Österreich-Ungarn nebst Liechtenstein, Belgien, Spanien, Frankreich, Griechenland, Luxemburg, Monaco, Portugal, Schweden und der Schweiz zum Schutze der nützlichen Vögel getroffene Abkommen (Schultz-Scherr-Thoß S. 66 Anm. 9).

Verbote können hier nicht im einzelnen aufgezählt werden. Sie können sich in der Reichsgesetzgebung oder in der Landesgesetzgebung finden und eine Strafbestimmung enthalten oder der Strafbestimmung entbehren. Die Unwirksamkeit der verbotenen Zueignung beruht auf demselben Grunde, auf welchem die Unwirksamkeit eines verbotenen Rechtsgeschäfts (§ 105) [1] beruht. Der Zueignung, welche im öffentlichen Interesse verboten ist, steht die Zueignung, welche ein privates Zueignungsrecht verletzt, gleich."

In der zweiten Kommission wurde dieser Teil des § 903, Abs. 2, in folgender Art angefochten:

"Soweit der Abs. 2 den Eigentumserwerb des Okkupanten einer herrenlosen Sache ausschließe, wenn die Zueignung gesetzlich verboten sei, erscheine die Vorschrift teils entbehrlich, teils irreführend. Wenn wirklich ein Gesetz die Zueignung gewisser herrenloser Sachen verbiete, so werde schon aus allgemeinen Grundsätzen zu folgern sein, daß die verbotswidrige Zueignung nicht den Eigentumserwerb zur Folge habe. Ob es aber derartige die Zueignung verbietende Gesetze gebe, lasse sich bezweifeln. Der hier fragliche Teil des Abs. 2 lege andererseits die Gefahr mißverständlicher Anwendung nahe. Insbesondere würde es dem Sinne derjenigen strafrechtlichen Vorschriften, welche die Erhaltung gewisser Tierarten bezwecken, z. B. der Bestimmungen über die Schonzeiten für jagdbares Wild, des Reichsges. v. 4. 12. 1876 betr. die Schonzeit für den Fang von Robben (V. v. 29. 3. 1877), des Reichsges. v. 22. 3. 1888, betr. den Schutz von Vögeln, nicht entsprechen, wenn man in ihnen ein Verbot der Zueignung als solcher fände. Wäre ein solches Verbot mit diesen Bestimmungen in Wahrheit bezweckt, so müßte derjenige, welcher die von einem Andern gegen das Verbot erlangte Sache in Kenntnis der verbotswidrigen Zueignung an sich bringt, sich der Hehlerei schuldig machen; das Reichsgericht habe jedoch mit Recht das Gegenteil angenommen (Entsch. i. Straff. 7, Nr. 28). Soweit das Strafgesetz für nötig erachte, dafür zu sorgen, daß derjenige, welcher unter Verletzung eines Verbots eine Sache erlangt habe, den Erfolg seiner strafbaren Handlung nicht genieße, ordne es die Einziehung an; es sei nicht die Aufgabe des bürgerlichen Rechtes, dem strafrechtlichen Verbote durch Versagung des Eigentumserwerbes zu Hilfe zu kommen. Das Privatrecht setze sich auch durch diese Versagung mit sich selbst in Widerspruch, da es den verbotswidrig erlangten Besitz des Okkupanten anerkenne und schütze. Die Anwendung des Abs. 2 auf die oben bezeichneten strafrechtlichen Verbote würde zu dem unannehmbaren Ergebnisse führen, daß derjenige, welcher dem Jagdberechtigten ein von diesem in der Schonzeit geschossenes Stück Wild wegnähme, nicht wegen Diebstahls strafbar sein würde, weil das Wild herrenlos geblieben sei." (Protokolle Bd. 3, S. 250 bis 251.)

Die Kommission aber stellte sich auf den Standpunkt des Entwurfs mit folgender Begründung:

"Anlangend den ersten Teil des Abs. 2, welcher den Fall der gesetzlich verbotenen Zueignung betrifft, so sei dabei nicht an die gesetzlichen Bestimmungen über die Schonzeit und ähnliches gedacht, vielmehr werde ein gegen die Zueignung gewisser Sachen gerichtetes gesetzliches Verbot vorausgesetzt. Verbote dieser Art enthielten z. B. der § 368 Nr. 11 d. St.-G.-B. und die Vorschriften, welche das Fangen von Nachtigallen verbieten. Auch sei mit der Möglichkeit zu rechnen

---

[1] Jetzt § 134 B.G.-B.: "Ein Rechtsgeschäft, das gegen ein gesetzliches Verbot verstößt, ist nichtig, wenn sich nicht aus dem Gesetz ein Anderes ergibt."

daß in Zukunft noch derartige Verbote durch Gesetz oder Polizeiverordnung er=
lassen würden. Daß die verbotswidrige Zueignung den Okkupanten nicht zum
Eigentümer mache, empfehle sich jedenfalls, der Deutlichkeit wegen auszusprechen."
(Protokolle Bd. 3, S. 252.)

Der § 903, Abs. 2, des Entwurfs erhielt als § 958, Abs. 2, B. G.=B.
folgende Fassung:

> „Das Eigentum wird nicht erworben, wenn die Aneignung gesetzlich ver=
> boten ist oder wenn durch die Besitzergreifung das Aneignungsrecht eines Anderen
> verletzt wird."

Über die Bedeutung des hier in Frage stehenden Teiles der Gesetzes=
vorschrift gehen die Ansichten auseinander:

Kipp im Lehrbuche des Pandektenrechts von Windscheid Bd. 1, § 184
(8. Aufl., S. 840, Abs. 1) bemerkt: Möglicherweise führe die Auslegung
eines Verbotsgesetzes zu dem Ergebnisse, daß es dem Eigentumserwerbe
nicht entgegenstehen wolle; ob in solchen Fällen das B. G.=B. dennoch den
Eigentumserwerb ausschließe, dürfte trotz der allgemeinen Fassung des Ge=
setzes zweifelhaft sein; so würde man bei dem Verbote der Sonntagsjagd
annehmen können, daß sich solches nicht gegen die Aneignung richte; da=
gegen sei der Eigentumserwerb nicht bloß ausgeschlossen, wenn die Aneig=
nung derartiger Objekte überhaupt verboten sei (§ 368 Nr. 11), sondern
auch dann, wenn die das Maß der Okkupation im öffentlichen
Interesse beschränkenden Vorschriften über Schonzeit oder Fang=
methoden übertreten würden.

Im wesentlichen auf demselben Standpunkte steht auch Cosack, Lehr=
buch des deutschen bürgerlichen Rechts, § 203, Nr. 3.

Dagegen hat Staudinger in den Blättern für Rechtsanwendung,
Bd. 63 (1898), S. 285 bis 296, „Einiges über Aneignung von Tieren
mittels Jagd, Fischerei und Vogelfang", in ausführlicher Begründung die
Anwendung des § 958 Abs. 2 auf die Fälle beschränkt, in denen die An=
eignung selbst verboten sei, und alle die Fälle ausgeschlossen, in denen
es sich bloß um Beschränkung hinsichtlich der Zeit oder des Orts der An=
eignung oder der Aneignungsmittel handle.

Auf denselben Standpunkt stellte sich Kober in dem Kommentar zum
B. G.=B. von Staudinger, Bd. 3, zu § 958, Anm. 2 a.

Dieser Ansicht habe ich mich in meinem Lehrbuch des deutschen bürger=
lichen Rechts für Forstmänner (1900), S. 500, 501, angeschlossen.

Greiff stellt sich in dem Kommentar von Planck zu § 958, Anm. 3 a,
unter Bezugnahme auf Staudinger auf denselben Standpunkt und schließt
namentlich die gegen das Fangen von Vögeln gerichteten Verbote des
R.=V.=Sch.=G., sowie die Vorschriften über die Schonzeiten des Wildes
aus, „weil diese Vorschriften nicht die Aneignung der betreffenden Tiere,
sondern deren Tötung verbieten."

Ich bleibe bei meiner a. a. O. begründeten Ansicht stehen.

Demgemäß wird das Eigentum von einem Jagdausübungsberechtigten auch dann erworben, wenn er ein jagdbares Tier während der Schonzeit einfängt oder mittels Erlegung sich zueignet. Dasselbe gilt, wenn er die Aneignung unter Übertretung des § 4 W.-Sch.-G. durch Schlingen oder bei Ausübung des Dohnenstieges mittels hochhängender Dohnen unter Nichtberücksichtigung der Polizeiverordnung des Regierungspräsidenten, betr. die Art der Ausübung des Dohnenstieges, vollzieht.

Anders würde zu entscheiden sein, wenn das Gesetz einem jagdbaren Tiere das ganze Jahr hindurch ohne Einschränkung Schonzeit gewährte; wie z. B. bei dem Verbote der bayer. Verordn. v. 5. 10. 1863 hinsichtlich der Rehgeisen u. s. w. (Vgl. meine oben erwähnte Schrift S. 500, c.)

Das frühere W.-Sch.-G. vom 26. Februar 1870 gab den Rehkälbern für das ganze Jahr Schonzeit. In dieser Bestimmung des W.-Sch.-G. konnte ein wirkliches Aneignungsverbot erblickt werden; alsdann stand der § 958, Abs. 2, B. G.-B. dem Eigentumserwerb entgegen. Nach dem neuen W.-Sch.-G. kann meiner Ansicht nach bei Rehkälbern der Eigentumserwerb nicht mehr in Frage gestellt werden. Die Rehkälber haben jetzt gesetzlich im November und Dezember keine Schonzeit. Allerdings kann nach § 3 W.-Sch.-G. der Bezirksausschuß dem Rehkalbe für das ganze Jahr Schonzeit gewähren und diese Bestimmung kann sogar auf eine längere Zeit als auf ein Jahr oder auf unbestimmte Zeit getroffen werden. Da aber immer nur an zeitliche Beschränkung für einen bestimmten Bezirk gedacht ist, so kann m. E. von einem Aneignungsverbote hinsichtlich der Rehkälber nicht die Rede sein. Der Jagdausübungsberechtigte erlangt also das Eigentum auch dort, wo das Rehkalb nach dem Beschlusse des Bezirksausschusses das ganze Jahr hindurch geschont werden muß.

Was hier von Rehkälbern unter Anwendung des neuen W.-Sch.-G. gesagt ist, gilt auch für Biber (§ 3, Abs. 2 c).

Zweifel können hinsichtlich des weiblichen Elchwildes entstehen. Dies hat nach § 2, Nr. 2, W.-Sch.-G. das ganze Jahr hindurch Schonzeit. Da aber nach § 3, Abs. 1, der Minister f. Landwirtschaft u. s. w. den Abschuß weiblichen Elchwildes für die Zeit vom 16. bis 30. September gestatten kann, so handelt es sich wohl nicht um ein Aneignungsverbot im Sinne des § 958, Abs. 2.

Anders ist zu entscheiden bezüglich der Elchkälber. Diese haben bedingungslos während des ganzen Jahres Schonzeit. Bei ihnen ist also dieselbe Rechtslage wie früher für die Rehkälber gegeben: es ist ein allgemeines Aneignungsverbot im Sinne des § 958, Abs. 2, B. G.-B. anzunehmen.

Allseitig — soviel ich sehe — wurde bis vor kurzem ein wirkliches Aneignungsverbot in § 368, Nr. 11, Str.-G.-B. in Verbindung mit den

entsprechenden Vorschriften der Reichs= bezw. Landesgesetze gefunden. § 368
Nr. 11 lautet:

> „Mit Geldstrafe bis zu sechzig Mark oder mit Haft bis zu vierzehn Tagen
> wird bestraft: . . . . wer unbefugt Eier oder Junge von jagdbarem Federwild
> oder von Singvögeln ausnimmt."

„Unbefugt" war nach § 6 des früheren Wildschongesetzes mit alleiniger
Ausnahme des im Gesetz angegebenen Falles das Ausnehmen der Eier
oder Jungen von jagdbarem Federwild auch seitens der zur Jagd berech=
tigten Personen. Wie oben S. 44 flg. ausgeführt, hat das neue W.=Sch.=G.
ein ähnliches Verbot erlassen: Verbot des Ausnehmens von Eiern und
Jungen von jagdbarem Federwilde, und zwar von Kiebitz= und Möwen=
eiern bis zum 30. April bezw. bis zu dem vom Bezirksausschusse bestimmten
Termin, im übrigen während des ganzen Jahres mit Ausnahme der Eier,
welche der Jagdberechtigte ausnimmt, um sie ausbrüten zu lassen, und der
Eier, welche mit Genehmigung der Jagdpolizeibehörde zu wissenschaftlichen
und Lehrzwecken bestimmt sind.

Einen andern Standpunkt hinsichtlich der Bedeutung des § 368, Nr. 11,
St.=G.=B. nimmt A. Ebner im Verw.=Arch., Bd. 13 (1905), S. 542 flg.
ein; er verneint die Annahme eines Aneignungsverbotes. Er bemerkt: das
Verbot des W.=Sch.=G., Eier oder Junge von jagdbarem Federwild aus=
zunehmen, sei ebenso wie die übrigen Vorschriften des W.=Sch.=G., lediglich
Schonvorschrift, da auch dies Verbot die Erhaltung der jagdbaren Tiere
des Wildstandes bezwecke; die betreffende Bestimmung sei deshalb den
übrigen Schonvorschriften durchaus gleichzustellen; das W.=Sch.=G. verbiete
nur das Einfangen und Erlegen, nirgends aber den Eigentumserwerb;
hätte das W.=Sch.=G. den letzteren verbieten wollen, so hätte es dies
„zweifellos besonders vorgeschrieben". Dagegen ist zu bemerken, daß man
bei Erlassung des W.=Sch.=G. möglicherweise von Ausschluß des Eigen=
tumserwerbs schon deshalb schwieg, weil ein solcher durch § 958, Abs. 2,
B. G.=B. bereits bestimmt war, woran das Landesgesetz gemäß Art. 69 des
Einf.=Ges. z. B. G.=B. nicht einmal etwas ändern konnte.

In der Art, wie Ebner es versucht hat, kann § 368, Nr. 11, St.=G.=B.
nicht ausgeschieden werden.

Nach dem Standpunkte der herrschenden Meinung wird hiernach das
Eigentum zwar an Kiebitz= und Möweneiern erworben, auch wenn sie
während der geschlossenen Zeit eingesammelt werden, an den Eiern der
übrigen jagdbaren Vögel, soweit nicht die Aneignung ausnahmweise ge=
stattet ist, nicht, ebenso wenig an den Jungen von jagdbaren Vögeln, aus=
genommen Kiebitze und Möwen. Das Eigentum wird also insbesondere
auch nicht vom Jagdberechtigten an Eiern erworben, die nicht ausgebrütet
werden sollen, ebenso wenig im Falle der Aneignung von Eiern zu wissen=

schaftlichen oder zu Lehrzwecken, wenn es an der Genehmigung der Jagd=
polizeibehörde fehlt.

Erwirbt der Jagdberechtigte das Eigentum nicht, so fehlt ihm die
Eigentumsklage im Falle des Besitzverlustes; er kann aber auch das Eigen=
tum nicht auf einen anderen übertragen; denn niemand kann mehr Rechte
übertragen, als er selbst hat. Wohl aber würde ein Dritter das Eigentum
erwerben, wenn er bei dem Erwerb in gutem Glauben war; in gutem
Glauben ist er, wenn ihm weder bekannt, noch infolge grober Fahrlässigkeit
unbekannt war, daß die Sache nicht dem Veräußerer gehört; z. B.: ein
Jagdberechtigter sammelt während der Schonzeit Eier und verkauft sie zu
Lehrzwecken einem Dozenten, der annahm und ohne grobe Fahrlässigkeit
annehmen konnte, daß die Genehmigung der Jagdpolizeibehörde erteilt sei,
(§ 932 B.G.=B.)

Von größerer Bedeutung ist die Verneinung des Eigentumserwerbs im
Strafrecht:

§ 259 bedroht mit Gefängnisstrafe wegen Hehlerei den, der „seines
Vorteils wegen Sachen, von denen er weiß oder den Umständen nach an=
nehmen muß, daß sie mittels einer strafbaren Handlung erlangt sind, . . .
ankauft . . oder „sonst an sich bringt u. s. w."; so namentlich den, welcher
vom Diebe erwirbt; nicht minder den, welcher eine Sache an sich bringt,
die mittels einer einfachen Übertretung erworben ist. Wenn aber der
Täter trotz der Strafbarkeit seiner Handlung Eigentum erwirbt,
so kann bei dem, der von ihm erwirbt, von Hehlerei keine Rede sein. So
ist nicht Hehler, wer vom Bettler einen durch Betteln erlangten Gegenstand
erwirbt, da der Bettler durch die Schenkung und Übergabe Eigentum er=
langt hat (Plenar=Entsch. des Reichsgerichts, Bd. 6, S. 218 flg.), ebenso
wenig der, welcher vom Jäger erlangt, was dieser entgegen dem Schon=
gesetze erbeutet hat, falls er trotz dieser Übertretung Eigentümer wurde (Reichs=
gericht i. Straff. Bd. 7, S. 92); wurde das Eigentum nicht erlangt, so ist
Hehlerei anzunehmen, falls nicht dem Erwerber § 59 St.=G.=B. zur seite steht.

2. Sind die im W.=Sch.=G. verbotenen Rechtsgeschäfte nichtig
(§ 134 B. G.=B.)?

Nichtig ist ein Rechtsgeschäft, „das gegen ein gesetzliches Verbot
verstößt, wenn sich nicht aus dem Gesetz ein anders ergibt." Hier=
nach bedarf das betreffende Verbotsgesetz der sorgfältigsten Auslegung.
Entscheidend wird sein, wie Kuhlenbeck und Andere annehmen: ob sich das
gesetzliche Verbot auf den Rechtserfolg des Geschäfts erstrecken will, weil dieser
der staatlichen oder gesellschaftlichen Ordnung widerspricht oder weil es sich nur
um die Umstände handelt, die das Geschäft in seiner äußeren Entwicklung
berühren.

Hieraus ist ein Kauf giltig, auch wenn er entgegen dem Verbote des
Handels während des Gottesdienstes oder entgegen anderen Bestimmungen

über Sonntagsruhe geschlossen wird. Das Gesetz wollte hier nicht den Rechtserwerb in Frage stellen, es wollte nur die Herbeiführung des Erwerbs zu „unpassender Zeit unter Verletzung höherer idealer Güter" verbieten (Neumann, Jahrb. d. Dtsch. R., Bd. 1, S. 81, Abs. 2). So auch Oberlandesgericht Dresden (14. 7. 02), Sächs. Arch., Bd. 13, S. 259; Zeitschr. „Das Recht", 1903, S. 236; Soergel Rechtschr., 1903, S. 26, Scherer, Das 4. Jahr des B. G.=B., S. 168: „Ein Rechtsgeschäft verstößt nur dann gegen ein gesetzliches Verbot, wenn dieses das Rechtsgeschäft selbst trifft, nicht wenn das Rechtsgeschäft bloß vermöge besonderer, zu seinem Tatbestande nicht gehöriger Umstände verboten ist."

Von diesem Standpunkt aus wird man auch die entgegen dem Verbote der §§ 6 bis 9 W.=Sch.=G. geschlossenen Rechtsgeschäfte für zivilrechtlich giltig und klagbar erachten müssen. Wer nach dem 14. Tage nach eingetretener Schonzeit, z. B. am 30. Januar einen Hasen kauft, wird bestraft, gleichwohl erlangt er durch Übergabe Eigentum, nicht minder die Gewährleistungsklage wegen eines Fehlers, der „den Wert oder die Tauglichkeit zu dem gewöhnlichen oder nach dem Vertrage vorausgesetzten Gebrauch aufhebt oder mindert" (§ 459 B. G.=B.).

Sachregister

zu §. 19 flg.
